鸡遗传资源
精准评价

常国斌　陈国宏　主编

中国农业出版社

北　京

编写人员名单

主　　编	常国斌	陈国宏		
副 主 编	白　皓	江　勇	王志秀	
参编人员	许盛海	张康宁	李碧春	潘雨来
	王　勇	张海涛	毕瑜林	李建超
	刘岳龙	武　玮	袁青妍	徐　琪
	张　扬	王来娣	刘向萍	胡晓丹
	袁春友	张　傲		

■■■ 前　言

　　我国地域辽阔，复杂多样的气候、生态类型孕育了丰富的家禽遗传资源。我国现有地方鸡品种114个，引入品种35个，外貌特点鲜明，产品品质优良，抗逆性和适应性强，是我国种业安全和打好种业翻身仗的基石和保障。本书出版为解决鸡遗传资源混杂、筛选出优先开发的遗传资源与优异性状，以及推动我国鸡遗传资源保护和产业化应用奠定基础。

　　本书在编写过程中，力求突出实用性、系统性、科学性和先进性，着重介绍了我国鸡丰富的遗传资源，从遗传资源抽样方法，最小抽样规模确定，表型性状测定，生理、生化指标测定，细胞遗传标记测定，分子遗传标记测定，遗传资源特色性状评价，现代智能化测定技术等方面介绍了鸡遗传资源评价的原理、技术与方法，内容深入浅出、通俗易懂。既收入了编著老师的科研成果、多年的生产实践经验，也参考了前人和许多专家学者的宝贵资料，还总结了一些企业的实践经验，既

突出了理论性，又突出了先进性、实用性和可操作性。适宜国家机关和基层畜牧兽医工作人员参考使用，也可以作为农村职业中专学校相关培训教材使用。

　　本书在编写过程中，得到众多同仁的支持，在此致以诚挚的谢意，由于编者水平有限，书中难免存在疏漏和不足之处，恳请广大读者批评指正。

编　者

2021年12月

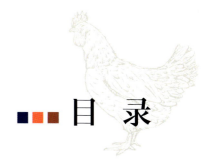

■■■ 目 录

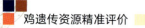

1 鸡遗传资源名录与抽样方法

1.1 鸡遗传资源名录

我国鸡遗传资源丰富，根据《国家畜禽遗传资源品种名录（2021年版）》统计，地方鸡品种114个，引入品种35个，培育品种（配套系）81个。为了方便查询，通过收集整理，形成了目前最为完整的我国鸡遗传资源名录数据库，涵盖了品种名称、品种类型、产地与分布、中心产区、群体数量（年饲养量/年末存栏量）、保种场名称与规模、主要外貌特征（雏鸡羽色、成年鸡羽色、喙色、胫色、肤色与其他特有性状）、体重和体尺、生产性能、屠宰性能、鸡蛋品质、产蛋性能、分子参数［STR有效等位基因数（He）、STR观察杂合度、STR多态信息含量］等信息。同时制备了网页版与链接，方便用户快速查询使用（网址：http://www.yzcom.com/webdemo/2021/chicken/chicken.htm）。

1.2 鸡遗传资源抽样方法

就遗传本质而言，抽样最小单位是等位基因，且多数遗传标记是等位基因或者以对偶形式存在于个体的其他遗传物质，因此等位基因频率的抽样估计问题是家禽遗传抽样的根

本问题。而表型特征的频率分布参数，只要作规模减半的简单变换，就可由之获得。常见的几种抽样方法如下。

1.2.1 简单随机抽样

总体（品种、地域群等）中每个配子（基因）抽中的机会完全均等而不受任何因素干扰的抽样，就是等位基因频率的简单随机抽样，也称纯随机抽样。

常洪（1989）用一般方法推导过基因频率简单随机抽样估计值和估计方差。

总体的实际基因频率 P、Q 是基因频率抽样估计值的期望值，即

$$Ep_s = P，Eq_s = Q$$

p_s 和 q_s 为样本中相应的等位基因频率。

各样本频率的平均值是总体实际频率；这个均数当以理论上 n 值一定的全部可能的样本为基础。

样本基因频率的方差为：

$$V(p_s) = \frac{PQ}{2N}\left[\frac{N-n}{N-1}\right]$$

式中，N 为总体规模（家禽个体数）；P 为总体实际特定等位基因频率；Q 为其他一切等位基因在总体的实际频率；n 为样本规模。

而由样本求出的基因频率方差的无偏估计量为：

$$V(p_s) = \frac{p_s q_s}{2(n-1)}\left[\frac{N-n}{N}\right]$$

当抽样率极小，以至相对于 N 而言，n 可忽略不计时，

$$V(p_s) = \frac{PQ}{2(N-1)}$$

1.2.2　随机整群抽样

　　总体中各个包含若干配子（基因）的群单位，作为整体，有均等机会进入样本，就形成基因频率的随机整群抽样。如以品种为总体，这种抽样方式也可用以估计品种基因频率。

　　设：

　　K 与 k 分别为总体（品种）和样本所包含的群数；

　　$\overline{N_u}$、$\overline{n_u}$ 和 n_u 分别为总体、样本的平均每群头数和样本中第 u 群的头数；

　　a_u 是样本第 u 群携带着特定等位基因的配子数；

　　P、p_c 和 p_u 分别是品种、样本和样本第 u 群中特定等位基因的频率；

　　并且有

　　抽样率 $f = \dfrac{k}{K}$，以及

　　样本中第 u 群的权

$$W_u = \frac{n_u}{\sum\limits_{u=1}^{k} n_u}$$

　　那么，基因频率估计值是

$$Ep_e = \frac{\sum\limits_{u=1}^{k} a_u}{\sum\limits_{u=1}^{k} n_u} = \sum\limits_{u=1}^{k} W_u p_u$$

　　当样本中各群规模相等时，

$$Ep_c = \frac{1}{K} \sum\limits_{u=1}^{k} p_u$$

　　基因频率估计误差，即基因频率方差为

$$V(p_c) = \frac{1-f}{k} \sum^k \left[\frac{n_u}{N_u}\right]^2 \frac{(p_u - P)^2}{K-1}$$

其样本估计值则是

$$V(p_c) = \frac{1-f}{k} \sum^k \left[\frac{n_u}{n_u}\right]^2 \frac{(p_u - P_c)^2}{k-1}$$

显然，频率估计值及其方差的公式都和二项总体随机整群抽样的一般公式一致。因而，这些公式对于表型频率也适用。

1.2.3　系统随机抽样

如果总体由基因频率可能存在某些差异的若干类别（系统、层次）构成，分别在各类别进行简单随机抽样，再合并为总体样本，称基因频率的系统随机抽样或分层随机抽样。

基因频率估计值是各类别基因频率简单随机抽样估计值以类别实际规模为权的平均数，即，

$$p_{st} = \sum^d \frac{N_h p_h}{N} \qquad (h=1, 2, \cdots, d)$$

其中 N、N_h、p_h 分别代表品种规模、类别规模和类别的样本估计频率；h 为类别序，d 为品种包含的类别数。

基因频率估计误差为

$$V(p_{st}) = \sum \frac{w_h^2 p_h q_h}{2(n_h-1)} (1-f_h)$$

1.2.4　系统随机整群抽样

也称分层随机整群抽样，即由各类别分别进行随机整群抽样再合并为总体样本的抽样方式。

如以 $p_{h\cdot c}$、n_{hu}、p_{hu} 分别代表第 h 类别（系统、层次）以随机整群抽样获得的基因频率估计值、第 h 类别第 u 群的（个体

数）规模和第 h 类别第 u 群的基因频率，则

系统随机整群抽样的全品种基因频率估计值为

$$p_{st \cdot c} = \sum^d \frac{N_h p_{h \cdot c}}{N} \qquad (h=1, 2, \cdots d)$$

其估计误差为

$$V(p_{st \cdot c}) = \sum_{h=1}^d \left[\frac{N_h}{N} \right]^2 V(p_{h \cdot c})$$

$$= \sum_{h=1}^d \frac{N_h^2 (1-f_n)}{k_h(k_h-1) N^2 \overline{n}_{hu}^2} \sum_{n=1}^{k_h} n_{hu}^2 (p_{hu} - p_{hc})^2$$

其频率估计值和方差的公式也可应用于表型频率。

1.2.5　典型群抽样

在总体各个包含若干配子的群单位中，择取个别或若干典型群为样本。

其基因频率和基因频率方差估计值可以采用随机整群抽样条件下的公式获得。但这种抽样方式，对执行人的经验依赖较大，难免包含主观因素，因而基因频率估计值不仅包含随机误差（这一部分大致和相同规模下的随机整群抽样方差相同），还包含非客观因素导致的误差。按式获得的方差估计值应视为其下限。

1.2.6　典型群内简单随机抽样

在总体各个包含若干配子的群单位中，择取个别或若干典型群，再在典型群内以简单随机方式抽取部分个体为样本。

其基因频率估计值是各典型群以简单随机方式获得的估计值以各群规模为权的均值；其估计方差的下限为简单随机抽样方差与随机整群抽样方差两部分之和。

这种抽样方式虽然排除了典型群内抽样的主观影响，但没有排除确定典型群过程的非客观因素。其估计值方差大于按上述公式得出的理论值；是六种常用抽样方法中最不精确、最不可靠的一种。

1.2.7 关于抽样的实施注意事项

根据总体群体结构与环境背景的已知特点以尽可能少的人力和经济消耗获得尽可能全面、精确和可靠的遗传检测结果，是实施抽样的第一个关键环节。

我国绝大多数鸡品种是地方品种。内部一般存在着以分布地域为基础的系统划分，外与邻地群体没有清晰的界限。在品种的中心分布区域分系统进行随机整群抽样，一般地说，是可行而且有效率的。这种实施方式称为"中心产区系统随机整群抽样"。

目前有一些正在衰减的地方品种，分布区域往往被分隔，中心产区可能已不复存在。由品种保护的实际需要而进行的抽样检测，应根据具体情况采用不同的实施方式：

（1）如果全品种被分割为若干个分布地域不连续的系统，在各系统内仍可用随机整群，或者典型群抽样方式构成样本，再（以系统实际规模为权）合并为全品种的样本。因而，在这种条件下，可能形成3种实施方式，即系统随机整群抽样、系统典型群抽样和系统（随机化与典型群）混合抽样。从统计学的角度来说，典型群抽样是整群抽样方式的一种，其均数和方差的结构，理论上和随机化的整群抽样相同。但如前所述典型择取难免渗入非客观因素以致使检测结果出现难于预测的系统误差。

（2）如果品种衰减已成小群体零星分布之势，全品种的随机整群或典型群抽样就将是适宜的。通常前者优于后者。

只有全品种集中为规模有限、个体数清楚的少数几个群体时，以个体为单位进行抽样，即采用简单随机或系统随机抽样才是恰当的。这种情况在地方鸡品种中较为多见。

此外，根据检测目的确定需要预报的最低基因频率，根据最低基因频率和抽样方式设计样本结构和必需规模，根据这些情况和畜群的环境背景以及人力，计划实施路线、程序，都是鸡品种遗传检测的抽样工作环节。

1.3　最小抽样规模确定

1.3.1　简单估算

在简单随机抽样的情况下，根据样本方差（标准差的平方）公式：

$$S^2 = \frac{\sum (X_i - X)^2}{n - 1}$$

转换得：

$$n = \frac{\sum (X_i - X)^2}{S^2} + 1$$

可以简单估算如下：如果样本中最大值与平均值相差1个标准差（S），那么n=2+1=3（加上自由度等于1），如果相差2个标准差（S），那么n=2×2+3+2+1+1=11，如果相差3个2个标准差（S），那么n=3×3+8+7+6+5+4+3+2+1+1=46。

另外，可以根据Grubbs（格拉布斯）检验异常值的临界值表（单尾概率），查表得到最小抽样规模。其中：n=样本量，α是误判的概率。

$T_0(n, a)$值表

σ \ n	3	4	5	6	7	8	9	10
0.05	1.15	1.46	1.67	1.82	1.94	2.03	2.11	2.18
0.025	1.15	1.48	1.71	1.89	2.02	2.13	2.21	2.29
0.01	1.15	1.49	1.75	1.94	2.10	2.22	2.32	2.41

σ \ n	11	12	13	14	15	16	17	18
0.05	2.23	2.29	2.33	2.37	2.41	2.44	2.47	2.50
0.025	2.36	2.41	2.46	2.51	2.55	2.59	2.62	2.65
0.01	2.48	2.55	2.61	2.66	2.71	.275	2.79	2.82

σ \ n	19	20	21	22	23	24	25	30
0.05	2.53	2.56	2.58	2.60	2.62	2.64	2.66	2.75
0.025	2.68	2.71	2.73	2.76	2.78	2.80	2.82	2.91
0.01	2.85	2.88	2.91	2.94	2.96	2.99	3.01	3.10

σ \ n	35	40	45	50	60	70	80	100
0.05	2.82	2.87	2.92	2.96	3.03	3.09	3.14	3.21
0.025	2.98	3.04	3.09	3.13	3.20	3.26	3.31	3.38
0.01	3.18	3.24	3.29	3.34				

Grubbs（格拉布斯）检验异常值的临界值表（单尾概率表）

1.3.2　基于基因频率估计

以下以简单随机抽样的规模为基础来简要地讨论抽样规模和基因频率估计值精确度的一般关系。

按照统计学原理，样本基因频率的抽样分布近似于以总体实际基因频率为中值的正态分布。因此，根据基因频率抽样标准差

$$\sigma_p = \sqrt{\frac{PQ}{2n}\frac{(N-n)}{(N-1)}}$$

以及标准偏差

$$\lambda = \frac{p-P}{\sigma_p}$$

可得

$$n = \frac{\dfrac{PQ\lambda^2}{(p-P)^2}}{2 + \dfrac{1}{N}\left[\dfrac{PQ\lambda^2}{(p-P)^2} - 2\right]}$$

如果基因频率估计值所要求的可靠性已由标准偏差 λ 规定，对于总体实际基因频率的特定数值而言，n，就是达到偏差 $(p-P)$ 所标志的精确度所必需的最小抽样规模。然而，在品种遗传检测的实践中，更令人关注的，不是估计值的绝对偏差，而是相对偏差即 $\eta = (p-P)/P$。所以，如以 ηp 取代 $(p-P)$ 并要求

$$Pr\left\{\frac{|p-P|}{P} \geqslant \eta\right\} = Pr\{|p-P| \geqslant \eta P\} = \alpha$$

所必需的最小抽样规模则可表示为

$$n = \frac{Q/P\left[\dfrac{\lambda}{\eta}\right]^2}{2 + \dfrac{1}{N}\left[Q/P\left[\dfrac{\lambda}{\eta}\right]^2 - 2\right]}$$

当总体规模很大，以至 $1/N$ 可忽略不计并且抽样估计的可靠性要求按通常的概率界限 0.954 5 给定时，即 $\lambda = 2$，表示有 95.45% 的样本的基因频率估计值落在已规定的偏差范围内。则有

$$n = \frac{2(1-P)}{\eta^2 P}$$

例如：对于 0.05 的品种实际基因频率，如果要求 95% 以上的样本基因频率不偏离其 0.5 倍（即不小于 0.025，不大于 0.075），所必需的最小抽样规模为 152 头。

据此可得在 0.954 5 的可靠性水准下基因频率抽样估计值精确度与最小样本规模的关系（表1-1）。

表 1-1　估计精确度与抽样规模的关系

Table 1-1　Relations between precision of estimate and sampling size

基因频率 Gene frequences	相　　对　　偏　　差 Relative deviation									
	0.1	0.2	0.3	0.4	0.5	0.6	0.7	0.8	0.9	1.0
0.01	19 800.00	4 950.00	2 200.00	1 237.50	792.00	550.00	404.08	309.37	244.44	198.00
0.02	9 800.00	2 450.00	1 089.89	612.50	392.00	272.22	200.00	153.12	120.99	98.00
0.03	6 466.67	1 616.67	718.52	404.17	258.67	179.63	131.97	101.04	79.84	64.67
0.04	4 800.00	1 200.00	533.33	300.00	192.00	133.33	97.96	75.00	59.26	48.00
0.05	3 800.00	950.00	422.22	237.50	152.00	105.56	77.55	59.38	46.91	38.00
0.06	3 133.33	783.00	348.15	195.82	125.33	87.04	63.95	48.96	38.68	31.33
0.07	2 657.14	664.00	295.24	166.07	106.29	73.81	54.23	41.52	32.30	26.57
0.08	2 300.00	575.00	255.56	143.75	92.00	63.89	46.94	35.94	28.40	23.00
0.09	2 022.22	505.56	224.69	126.39	80.89	56.17	41.27	31.60	24.97	20.22
0.10	1 800.00	450.00	200.00	112.50	72.00	50.00	36.73	28.13	22.22	18.00
0.20	800.00	200.00	88.89	50.00	32.00	22.22	16.33	12.50	9.88	8.00
0.30	466.67	116.67	51.85	29.17	18.67	12.96	9.52	7.29	5.67	4.67
0.40	300.00	75.00	33.33	18.75	12.00	8.33	6.12	4.69	3.70	3.00
0.50	200.00	50.00	22.22	12.50	8.00	5.56	4.08	3.12	2.47	2.00

　　以上表明：对于0.10的实际基因频率，如设定估计值不偏离实际基因频率0.5倍的要求，抽样规模必须达到72只；而对于0.05的实际基因频率，抽样规模达到152只才能保证估计值不偏离实际基因频率0.5倍。

2 鸡表型性状测定方法

2.1 育雏鸡、育成鸡羽色及羽毛

羽色分为：黄、白、黑、芦花、红、褐、浅麻、深麻、灰等，有不同表型需要说明各种类型的比例。

羽毛有颈羽、尾羽、主翼羽、背羽、腹羽、鞍羽等。

2.2 鸡肉色、胫色、喙色及肤色

分为黄、白、黑、灰等，颜色因品种而异；胫色、喙色与肤色相同。

其中肤色、肉色、胫色测定[1,2]如下：

肤色测定采用手提式色差仪测每只鸡同侧胸部（单位：级）。

肉色测定取新鲜1.00g左右（无筋腱、脂肪），剪碎，立即移至匀浆管中，同时加蒸馏水10mL，匀浆10min，随后移至离心管中，3 500r/min离心10min，取上清液在722nm分光光度计下记录OD值。

胫色测定：先剥除表皮层，避免表皮鳞片对读数产生影响，再用Roche比色扇对比测量胫中部的颜色。

2.3　鸡外貌特征

2.3.1　头部特征

（1）**冠型**　冠型有单冠、豆冠、玫瑰冠、羽毛冠、胡桃冠、石榴冠等不同冠型。

其中冠长、冠高、冠色测定[1]如下：

冠长测定用卡尺测定冠前缘到后缘的距离（单位：cm）。

冠高用卡尺测量冠最高齿到基部的距离（单位：cm）。

单　冠

玫瑰冠

豆　冠

羽毛冠

胡桃冠　　　　　　　　　　石榴冠

（2）**冠色、肉髯、耳叶颜色**　大多数为红色和白色，鸡冠与肉髯颜色是鸡的健康与产蛋状况的重要标志。

冠色测定：用色标中红色百分比对比鸡冠中部的颜色（单位：%）。

（3）**虹彩颜色**　颜色有黑色、黄色、灰色、白色等，以黑色、黄色为主。

2.3.2　鸡颈部特征

（1）**颈椎**　颈椎有12～14个。

（2）**颈羽**　位于颈部的羽毛，因铺展开来像梳子的齿一样，又名梳羽，具有第二性状特征，母鸡颈羽的端部为圆钝形；公鸡颈羽的端部为尖形。

2.3.3　鸡体躯特征

分为胸部、腹部和背腰部。

鸡的腰部又叫鞍部，因此，腰部的羽毛称为鞍羽，母鸡鞍羽短而钝；公鸡鞍羽长而尖，像蓑衣一样披在鞍部，又称蓑羽。

2.3.4　鸡翼

鸡翼是由前肢演化而来的。翼羽中央有一较短的羽毛称为轴羽。由轴羽向外数，有10根羽毛，称主翼羽；向内侧数，一般有11根羽毛，称副翼羽。在每根主翼羽、副翼羽上覆盖着一短羽，分别称覆主翼羽、覆副翼羽。

2.3.5　鸡尾部羽毛

鸡尾部羽毛分主尾羽和覆尾羽两种。

（1）主尾羽位于尾部末端，在两侧成对排列。

（2）覆尾羽是覆盖在主尾羽上的羽毛，公鸡的覆尾羽发达，覆盖第一对主尾羽的大覆羽称大镰羽，其余相对较小的称小镰羽。

梳　羽

蓑　羽

翼 羽

大小镰羽

2.3.6 鸡后肢

鸡后肢包括股、胫、飞节、跖、趾和爪、距等。

（1）**胫** 在踝关节下、爪上。有的品种长有胫羽。

（2）**爪** 在胫的底部，爪有四趾或五趾，有的品种长有趾羽。

16

（3）**距** 在胫部下方内后侧长出的角质凸出物，母鸡不明显；公鸡大而突出，随年龄而增长，借此可推测鸡的年龄大小。

2.3.7 鸡其他特征

包括品种特有的性状，如凤头、胡须、丝羽、五爪、腹褶等。

2.4 鸡体尺

注：根据NY/T 823—2020《家禽生产性能名词术语和度量统计方法》必须在正确的姿势下进行测量[2-4]，测量值取小数点后一位。

（1）**体斜长** 用皮尺沿体表测量肩关节至坐骨结节间的距离（cm）。

（2）**胸宽** 用卡尺测量两肩关节之间的体表距离（cm）。

（3）**胸深** 用卡尺在体表测量第一胸椎到龙骨前缘的距离（cm）。

（4）**胸角** 用胸角器在龙骨前缘测量两侧胸部角度。

（5）**龙骨长** 用皮尺测量体表龙骨突前端到龙骨末端的距离（cm）。

（6）**骨盆宽** 用卡尺测量两坐骨结节间的距离（cm）。

（7）**胫长** 用卡尺测量从胫部上关节到第三、四趾间的直线距离（cm）。

（8）**胫围** 胫部中部的周长（cm）。

（9）**体重** 公、母（g）。

体斜长

胸宽

胸深

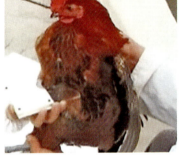

胸角

龙骨长

骨盆宽

胫　长　　　　　　　　　　　　　胫　围

3 鸡生理、生化指标测定方法

3.1 血液生理指标

3.1.1 体温（T）

用体温计在鸡的泄殖腔测5min。

参考值

正常体温在40.5 ～ 42℃。

3.1.2 呼吸频率（R）

在鸡处于安静状态下，观察每分钟腹部羽毛的起伏的次数，即为每分钟的呼吸次数。

参考值

雏鸡呼吸频率（43.58±5.50）次/min；育成鸡（21.00±2.68）次/min。

3.1.3 出血时间（BT）

采用纸片法：用沾有75%酒精的棉球消毒鸡耳垂或翅端后，用一次性刺血针刺2 ～ 3mm深，让血液自然流出。从出血后开始每隔半分钟用滤纸吸去血滴一次（不要触及皮肤），直至血液流出停止。记录开始出血至停止出血时间间隔。

3.1.4　凝血时间（CT）

采用玻片法：针刺后，让血液自然下滴，滴到玻片上开始计时，其血滴不应小于黄豆粒。然后在室温下自然凝固，每隔半分钟轻挑一次，若有血丝挑起，即为凝固，停止计时。

3.1.5　血压（BP）

直接测压法：收缩压（SBP）和舒张压（DBP）测定用中心静脉导管插入母鸡的中心静脉可以测得母鸡的中心静脉血压，同理插入母鸡的主动脉，便可测得动脉的血压。

参考值

SBP正常值（150.88±14.27）mmHg；DBP正常值（113.02±14.15）mmHg。

3.1.6　心率（HR）

每分钟胸部起伏的次数。

参考值

HR正常值（345.99±47.10）bpm。

3.1.7　红细胞数（RBC）、白细胞数（WBC）

试管稀释法：一定量的血液经一定量等渗性稀释液稀释后，充入血细胞计数池中，于高倍镜下计数中央大方格内四角的4个中方格和正中的1个中方格的红细胞数。用稀醋酸液将血液稀释并破坏红细胞，混匀后充入计数池中，于低倍镜下计数池内四角大方格中的白细胞总数。根据稀释倍数和计数的容积，换算求得每升血液中的红细胞数量以及白细胞数量。压线细胞的计数按照数上不数下，数左不数右的原则。

RBC 范围在 $(3.78 \pm 0.26) \times 10^{12}$ 个 /L；WBC 范围在 $(463.68 \pm 53.66) \times 10^9$ 个 /L。

3.1.8　血红蛋白浓度（HGB）

测定用氰化高铁法：先在血红蛋白稀释管内加 1% 氨溶液 2～3 滴；将已吸足被检血的血红蛋白的吸管，迅速插入血红蛋白稀释管的氨溶液内，徐徐吹入液体的底部反复用吸管吹吸数次，然后摇匀，使血液迅速融合；随即用小注射器加入 1% HCL 0.4mL，用小玻璃棒搅拌；将稀释管插入比色架内，待 2～3min 后，滴加蒸馏水稀释，随时搅拌，观察色泽是否与标准玻璃色柱相同，待颜色相同时，即停止加入蒸馏水。观察管内凹形液面最低处的刻度数字，即为每 100mL 血液中含血红蛋白的克数。

HGB 范围在（107.75 ± 23.8）g/L。

3.1.9　嗜中性粒细胞（NE）、嗜碱性粒细胞（BA）、嗜酸性粒细胞（EO）、淋巴细胞（LY）、单核细胞（MO）

测定用血涂片瑞氏染色法：血红蛋白嗜酸性颗粒为碱性蛋白质与酸性染料伊红结合染为粉红色称为酸性物质，细胞核蛋白和淋巴细胞浆为酸性，与碱性染料美蓝或天青结合，染为蓝色或紫色称为嗜碱性物质，中性颗粒呈等电状态与伊红和美蓝均可结合，染为紫红色称中性物质。

NE 范围 56.80%±3.87%；BA 范围 4.25%±0.89%；EO 范围 7.35%±0.69%；LY 范围 23.45%±4.19%；MO 范围

8.15％±0.79％。

3.1.10　红细胞沉降率（血沉）（ESR）

采用 Westergren 法：血沉可作为红细胞间聚集性的指标。应用5％草酸钠溶液作为抗凝剂。抗凝剂与血液1∶4之比混合；准确地吸取5％草酸钠溶液0.2mL，注入干净的青霉素瓶内；吸取被检血0.8mL，沿着盛有草酸钠溶液的青霉素瓶缓慢注入其内，摇晃使血液与抗凝剂充分混合，编号待用。取人医用的微量血沉管，吸取青霉素瓶内的血液到刻度"0"处，擦净管头处血迹，垂直固定于血沉管架上。分别观察30min、60min、90min、120min和240min红细胞沉降速度，并做记录。

参考值

ESR 30min 范围0.8 ～ 2.4mm；60min 范围2.4 ～ 4.4mm；90min 范围4.6 ～ 7.0mm；120min 范围0.8 ～ 6.9mm；240min 范围13.0 ～ 17.0mm。

3.1.11　红细胞积压（HCT）、平均红细胞体积（MCV）、红细胞分布宽度变异系数（RDW-CV）、红细胞分布宽度标准差（RDW-SD）、平均红细胞血红蛋白（MCH）、平均红细胞血红蛋白浓度（MCHC）、血小板计数（PLT）、平均血小板体积（MPV）、血小板分布宽度（PDW）、血小板大细胞比率（P-LCR）等

用全自动血液分析仪测定。

参考值

HCT 范围56.30％±23.28％；MCV 范围126.42％±7.08％（fL）；RDW-CV 范围10.93％±1.70％；RDW-SD 范围48.51％±5.79％；MCH 范围（33.96±2.97）pg；MCHC 范围（288.20±

134.54）g/L；PLT范围（213.20±260.02）×10⁹个/L；MPV范围
（8.04±1.05）fL；PDW范围10.68%±0.8%；P-LCR范围
21.68%±5.56%。

3.2　血液生化指标

用全自动生物化学分析仪测定。

3.2.1　丙氨酸氨基转移酶（ALT）、天冬氨酸氨基转移酶（AST）

测定用赖氏法：丙氨酸氨基转移酶催化丙氨酸与α-酮戊
二酸生成丙酮酸和谷氨酸。丙酮酸与2,4-二硝基苯肼生成丙
酮酸-2,4-二硝基苯腙。后者在酸性溶液中呈黄色，加碱后
呈棕红色，与标准液进行比色，根据颜色的深浅确定酶的活
力强弱。用分光光度计，在520nm波长，用蒸馏水调节零点，
读取测定管和对照管光密度，以测定管光密度值减去对照管
光密度值，然后从标准曲线上查出其酶的活力单位。

参考值

ALT范围（29.87±6.11）U/L；AST范围（240.50±50.89）U/L。

3.2.2　乳酸脱氢酶（LDH）、γ-谷氨酰转移酶（GGT）、α-羟
　　丁酸脱氢酶（HBDH）、碱性磷酸酶（ALP）、肌酸激
　　酶（CK）、酸激酶同工酶（MBCK-MB）

测定用速率法：如测定LDH则滴一滴10μL当日空腹采
集的鸡无溶血、无乳糜的鸡血清样品于干片上，样品就被均
匀分层并渗透到下层的试剂层。LDH催化丙酮酸和NADH生
成乳酸和NAD⁺。用反应强度变化测出氧化率，再将其转化成
LDH的活力。

参考值

LDH 范围（234.70±41.06）U/L；GGT 范围 7 ~ 50U/L；HBDH 范围 80 ~ 220U/L；ALP 范围（442.68±68.15）U/L；CK 范围 25 ~ 200U/L。

3.2.3 肌酐（CREA）、尿酸（UA）

测定用终点法。

参考值

CREA 范围（38.43±8.38）μmol/L；UA 范围（162.17±11.79）μmol/L。

3.2.4 尿素（UrEA）

测定用中和滴定法：精密称取样品约 0.15g，置于凯氏烧瓶中，加水 25mL、3% 硫酸铜溶液 2mL 与硫酸 8mL，缓缓加热至溶液呈澄明的绿色后，继续加热 30min，放冷，加水 100mL 后摇匀，沿瓶壁缓缓加 20% 氢氧化钠溶液 75mL，自成一液层，加锌粒 0.2g，用氮气球将凯氏烧瓶与冷凝管连接。并将冷凝管的末端伸入盛有 4% 硼酸溶液 50mL 的锥形瓶的液面下，轻轻摆动凯氏烧瓶，使溶液混合均匀，加热蒸馏，等到馏尽，停止蒸馏，馏出液中加甲基红指示液数滴。用盐酸滴定液（0.2mol/L）滴定，并将滴定的结果用空白试验校正。每 1mL 盐酸滴定液（0.2mol/L）相当于 6.006mg 的尿素。

参考值

UrEA 范围（0.53±0.07）mmol/L。

3.2.5 总蛋白（TP）、球蛋白（GLO）

测定用双缩脲法：取 12 支试管分两组，分别加入 0，

0.2，0.4，0.6，0.8，1.0mL的标准蛋白质溶液，用水补足到1mL，然后加入4mL双缩脲试剂。充分摇匀后，在室温（20～25℃）下放置30min，于540nm处进行比色测定。用未加蛋白质溶液的第一支试管作为空白对照液。取两组测定的平均值，以蛋白质的含量为横坐标，光吸收值为纵坐标绘制标准曲线。再取2～3个试管，用上述同样的方法，测定未知样品的蛋白质浓度。注意样品浓度不要超过10mg/mL。

参考值

TP范围（41.59±3.77）g/L。

3.2.6 血清总脂（TL）

测定用香草醛法：取四支洁净试管，标号空白管、标准管、测定管1、测定管2，其中，测定管1和测定管2加入血清20μL，标准管中加入胆固醇标准液20μL，四支管中都加入1mL浓硫酸，充分混匀，放置沸水浴中10min使脂类分解，冷水中冷却，向各管中加入显色剂4mL，混匀，放置20min，在525nm波长处进行比色，以空白管调节"0"点，分别读取各管吸光度。血清总脂含量（mg/mL）=（测定管吸光度/标准管吸光度）×胆固醇标准液。

参考值

TL含量为5～8mg/mL。

3.2.7 总胆固醇（TC）、甘油三酯（TG）

鸡总胆固醇（TC）测定采用双抗体一步夹心法酶联免疫吸附试验（ELISA）。从室温平衡20min后的铝箔袋中取出所需板条，剩余板条用自封袋密封放回4℃；设置标准品孔和样本孔，标准品孔各加不同浓度的标准品50μL；样本孔中加入待测样本50μL；空白孔不加。除空白孔外，标准品孔和样本孔中每孔加入辣根过氧化物酶（HRP）标记的检测抗体100μL，用封板膜封住反应孔，37℃水浴锅或恒温箱温育60min。弃去液体，在吸水纸上拍干，每孔加满洗涤液350μL，静置1min，甩去洗涤液，吸水纸上拍干，如此重复洗板5次（也可用洗板机洗板）；每孔加入底物A、B各50μL，37℃避光孵育15min；每孔加入终止液50μL，15min内，在酶标仪450nm波长处测定各孔的OD值，计算样品浓度。在过氧化物酶的催化下转化成蓝色，并在酸的作用下转化成最终的黄色。颜色的深浅和样品中的鸡TC呈正相关。

参考值

TC范围（3.02±0.27）mmol/L。

脂肪酶或脂蛋白脂酶（LPL）用甘油三酯酶法测定，使血清中甘油三酯水解，生成甘油和脂肪酸，甘油在甘油激酶（GK）催化下，生成3-磷酸甘油，3-磷酸甘油在甘油磷酸氧化酶（GPOD）的催化下，生成磷酸二羟丙酮和HO。然后，以Trinder反应测定HO，在500nm波长处的吸光度与血清甘油三酯含量成正比。

取3支试管，标号，按照下表加入反应物。

加入物	空白管	标准管	测定管
待测血浆（μL）	—	—	10
标准液（μL）	—	10	—
生理盐水（μL）	10	—	—
酶试剂（mL）	1.00	1.00	1.00

混匀，置37℃水浴保温15min，在波长为500nm处比色，

以空白管调"0"，读取各管吸光度。TG（mmol/L）=［测定管吸光度（Au）/标准管吸光度（As）］×蛋白标准液浓度（g/L）=（Au/As）×1.13（mmol/L）。

参考值

TG范围（1.73±1.29）mmol/L。

3.2.8　白蛋白（ALB）

测定用溴甲酚绿法。按照下表加入反应物。

加入物（mL）	空白管	标准管		测定管	
		S1	S2	U1	U2
血清	—	—	—	0.02	0.02
白蛋白标准液	—	0.02	0.02	—	—
蒸馏水	0.02	—	—	—	—
BCG试剂	4.0	4.0	4.0	4.0	4.0

加完之后立即混匀，在波长630nm处用空白管进行调零，30s±3s内读取吸光度。血清白蛋白（g/L）=〔测定管吸光度（Au）/标准管吸光度（As）〕×蛋白标准液浓度（g/L）=（Au/As）×40（g/L）。

参考值

ALB范围（16.17±2.79）g/L。

3.2.9　血清葡萄糖（GLU）

测定用葡萄糖氧化酶法。取一块酶标板，一条板条，设空白孔A1，标准孔A2、A3，测定孔A4、A5，按下表加入各试剂。

试剂（μL）	A1	A2	A3	A4	A5
血清或血浆	—	—	—	2	2
葡萄糖标准液	—	2	2	—	—
生理盐水	2	—	—	—	—
工作试剂	200	200	200	200	200

混匀后，在酶标仪500nm波长处测定其吸光度，对照标准计算出葡萄糖的含量。葡萄糖浓度（mmol/L）=（A测定孔平均值/A标准孔平均值）×5.55。

参考值

GLU范围（13.07±1.63）mmol/L。

3.2.10　血液的氧分压（PO₂）、CO₂分压（PCO₂）、酸碱度（pH）

用血气分析仪测定：即被测血液样品在管路系统的抽吸下，进入样品室内的测量毛细管中。测量毛细管的管壁上开有四个孔，孔内分别插有pH、PCO_2和PO_2三支测量电极和一支pH参比电极。其中pH和pH参比电极共同组成对pH的测量系统。血液样品进入样品室的测量管后，管路系统停止抽吸，样品同时被四个电极所感测。电极产生对应于pH、PCO_2和PO_2三项参数的电信号。这些电信号分别经放大、模数转换后送到微处理机。经微处理机系统处理、运算后，再分别被送到各自的显示单元显示或打印机打印出测量结果。

3.2.11　血清钙含量

用原子吸收分光光度计测定。

参考值

血清钙含量（2.73±0.24）mmol/L。

3.3　细胞因子生物学检测方法

3.3.1　白细胞介素

白细胞介素，简称白介素，最初是指由白细胞产生并在白细胞之间起调节作用的细胞因子，均为小分子多肽或糖蛋白类物质。包括IL-1、IL-2、IL-6、IL-12、IL-18等[13-15]。

白介素-1（IL-1）有两种存在形式，即IL-1α和IL-1β，结合相同受体，它主要来源于单核吞噬细胞，还有淋巴细胞、内皮细胞及角化细胞等。它在低浓度时主要具有免疫调节作用，如协同刺激增强T细胞和APC活性；促B细胞增殖及抗体产生；在高浓度时诱发肝急性期血浆蛋白合成，介导炎症反应；引起发热和恶病质状态。

白介素-2（IL-2）主要由CD4+T细胞产生，CD8+T细胞也可产生，以自分泌和旁分泌方式发挥效应，它的主要功能为：①活化CD4+和CD8+T细胞，促细胞因子产生；②刺激NK细胞增殖活化，诱导LAK细胞产生；③促活化B细胞增殖及产生抗体；④可激活单核-巨噬细胞。

白细胞介素-6（IL-6）主要由Th2细胞产生，也可由单核-巨噬细胞血管内皮细胞 成纤维细胞产生它的主要功能为：①刺激肝细胞合成急性期血浆蛋白，参与炎症反应；②刺激活化B细胞的增殖，分泌抗体；③协同刺激T细胞胸腺细胞和骨髓造血干细胞增殖；④促骨髓瘤细胞增殖。

白细胞介素-12（IL-12）主要由T细胞 B细胞单核-巨噬细胞产生，它的主要功能为：①激活NK细胞；②促Th0细胞向Th1细胞分化增殖；③刺激CD8+CTL细胞活化。

白细胞介素-18（IL-18）主要来源于单核-巨噬细胞和上皮细胞，能够刺激活化T细胞产生细胞因子，以及诱导NK细胞的细胞毒作用。

检测方法：提取外周血，分离血清，采用ELISA法，按照美国RD公司试剂盒说明进行。

使用ELISA试剂盒检测的步骤一般如下：①使用前，将所有试剂充分混匀。不要使液体产生大量的泡沫，以免加样时加入大量的气泡，产生加样上的误差；根据待测样品数量加上标准品的数量决定所需的板条数。每个标准品和空白孔建议做复孔。每个样品根据自己的数量来定，能使用复孔的尽量做复孔。②标本用标本稀释液1∶1稀释后加入50μL于反应孔内；加入稀释好后的标准品50μL于反应孔、加入待测样品50μL于反应孔内。③立即加入50μL的生物素标记的抗体。盖上膜板，轻轻振荡混匀，37℃温育1小时。④甩去孔内液体，每孔加满洗涤液，振荡30s，甩去洗涤液，用吸水纸拍干。重复此操作3次。如果用洗板机洗涤，洗涤次数增加一次。⑤每孔加入80μL的亲和链酶素-HRP，轻轻振荡混匀，37℃温育30分钟。⑥重复步骤④。⑦每孔加入底物A、B各50μL，轻轻振荡混匀，37℃温育10分钟。避免光照；取出酶标板，迅速加入50μL终止液，加入终止液后应立即测定结果。⑧在450nm波长处测定各孔的OD值。

参考值

IL-1：10 ～ 200ng/L；IL-2：15 ～ 300ng/L；IL-6：74 ～ 110ng/L；IL-12：1 ～ 70ng/L；IL-18：5 ～ 160ng/L。

3.3.2　干扰素

常用的干扰素有IFN-α、IFN-β、IFN-γ，鸡α干扰素（ChIFN-α）和β干扰素（ChIFN-β）都属于Ⅰ型干扰素，IFN-α蛋白由白细胞产生，主要参与响应病毒感染的先天性免疫。IFN-β通过信号通路STAT1和STAT2上调和下调多种基因，其中，大部分基因参与抗病毒免疫反应。IFN-γ是Ⅱ型干扰素的唯一成员，是可溶性二聚体细胞因子。它主要由自然杀伤细胞（NK）和自然杀伤T细胞（NKT）细胞分泌，在固有免疫中发挥作用；在抗原特异性免疫过程中，由CD4Th1和CD8细胞毒性T细胞分泌。

测定方法[16, 17]：提取外周血，分离血清，采用ELISA法，按照美国RD公司试剂盒说明进行。

参考值

IFN-α：1 ～ 60ng/L；IFN-β：3 ～ 60ng/L；IFN-γ：15.63 ～ 1 000g/L。

3.3.3 鸡粒细胞巨噬细胞集落刺激因子（CSF）

用ELISA试剂盒法。用纯化的抗体包被微孔板，制成固相载体，往包被抗该指标抗体的微孔中依次加入标本或标准品、生物素化的抗该指标抗体、HRP标记的亲和素，经过彻底洗涤后用底物TMB显色。TMB在过氧化物酶的催化下转化成蓝色，并在酸的作用下转化成的黄色。颜色的深浅和样品中的该指标呈正相关。用酶标仪在450nm波长下测定吸光度（OD值），计算样品浓度。

3.3.4 肿瘤坏死因子α（TNF-α）

用ELISA试剂盒法，以标准物的浓度为横坐标，OD值为纵坐标，在坐标纸上绘出标准曲线，根据样品的OD值由标准曲线查出相应的浓度；再乘以稀释倍数；或用标准物的浓度与OD值计算出标准曲线的直线回归方程式，将样品的OD值代入方程式，计算出样品浓度，再乘以稀释倍数，即为样品的实际浓度。

3.3.5 鸡趋化因子家族

采用ELISA法，用纯化的抗体包被微孔板，制成固相载体，往包被抗该指标抗体的微孔中依次加入标本或标准品、生物素化的抗该指标抗体、HRP标记的亲和素，经过彻底洗涤后用底物TMB显色。TMB在过氧化物酶的催化下转化成蓝色，并在酸的作用下转化成黄色。颜色的深浅和样品中的该指标呈正相关。用酶标仪在450nm波长下测定吸光度，计算样品浓度。

3.4 鸡血清激素

3.4.1 下丘脑激素

下丘脑垂体能立即代谢生长激素，其中，被代谢的生长激素包括生长激素（GH）、抑制生长激素（GHIH）、甲状腺激素等。

血清生长激素（cGH） 1995年Porter等采用先进的反向溶血斑分析法（RHPA）系统[18]研究了鸡胚垂体GH细胞的个体发育，发现在16胚龄时GH开始分泌细胞的分化。1977年被提纯和鉴定。采用同源放射免疫法测定cGH。

步骤如下：从室温平衡20min后的铝箔袋中取出所需板条，剩余板条用自封袋密封放回4℃。设置标准品孔和样本孔，标准品孔各加不同浓度的标准品50μL；样本孔中加入待测样本50μL；空白孔不加；除空白孔外，标准品孔和样本孔中每孔加入辣根过氧化物酶（HRP）标记的检测抗体100μL，用封板膜封住反应孔，37℃水浴锅或恒温箱温育60min；弃去液体，吸水纸上拍干，每孔加满洗涤液（350μL），静置1min，甩去洗涤液，吸水纸上拍干，如此重复洗板5次（也可用洗板机洗板）；每孔加入底物A、B各50μL，37℃避光孵育15min；每孔加入终止液50μL，15min内，在450nm波长处测定各孔的OD值。

血清性激素　其浓度测定包括促卵泡生成素（FSH）、促黄体生成素（LH）、催乳素（PRL）、雌二醇（E2）、黄体酮（P）、睾酮（T）。用固相夹心法酶联免疫吸附实验（ELISA）检测试剂盒检测，已知待测物质浓度的标准品、未知浓度的样品加入微孔酶标板内进行检测。先将待测物质和生物素标记的抗体同时温育。洗涤后，加入亲和素标记过的HRP。再经过温育和数次洗涤，去除未结合的酶结合物，然后加入底物A、B，和酶结合物同时作用，产生颜色。颜色的深浅和样品中待测物质的浓度呈正比例关系。

甲状腺激素　用放射免疫分析法（RIA）[19, 20]测血清中的三碘甲腺原氨酸（T3）；甲状腺素（T4）。

T3、T4按下表加样方法测定：

管别	样品（μL）	抗体（μL）	标记物（μL）	温育条件	分离剂（μL）
总T	—	—	100		—
NSB	50	水100	100	充分混匀，37℃ 45min	1 000
标准管	50	100	100		1 000
样品管	50	100	100		1 000

3.4.2 胃肠激素

分泌促胃液素（GT）、促胰液素（Secretin）、胰高血糖素（GC）、抑胃肽（GIP）、瘦素（LEP）等。检测方法同血清性激素。

3.4.3 血清降钙素（CT）

检测方法同血清性激素。

3.4.4 垂体激素

垂体能分泌如促甲状腺激素（TSH）、促肾上腺皮质激素（ACTH）、促黄体生成激素（LH）、催乳素（PRL）、褪黑激素（MT）等。

测定方法是用ELISA的双抗体夹心法测定标本中待测物质水平。用纯化的待测物质抗体包被微孔板，制成固相抗体，往包被单抗的微孔中依次加入待测物质，再与HRP标记的待测物质抗体结合，形成抗体-抗原-酶标抗体复合物，经过彻底洗涤后加底物TMB显色。TMB在HRP酶的催化下转化成蓝色，并在酸的作用下转化成最终的黄色。颜色的深浅和样品中的待测物质呈正相关。用酶标仪在450nm波长下测定吸光度，通过标准曲线计算样品中待测物质浓度。

参考值

cGH：0.6 ～ 16μg/L；FSH：100 ～ 2 000ng/L；LH：1.5 ～ 48ng/L；PRL：0.39 ～ 50ng/mL；E2：2 ～ 90pmol/L；P：100 ～ 2 500pmol/L；T：0.1 ～ 20ng/mL；T3：（3.41±0.51）ng/mL；T4：（6.33±0.89）ng/mL；Secretin：≤17pg/mL；GC：≤200ng/mL；GIP：25～00pg/mL；LEP：78.125～5 000pg/mL；

CT：0 ～ 0.5μg/L；TSH：0.5 ～ 16mIU/L；ACTH：2 ～ 80ng/L；MT：0.2 ～ 9ng/L。

4 鸡细胞遗传标记测定方法

细胞遗传标记（Cytological genetic markers）是指对处理过的动物个体染色体数目和形态进行分析，主要包括：染色体核型（染色体数目、大小、随体、着丝粒位置、核仁组织区等）和带型（Q、G、C、R、T带型等）及染色体数目、结构的变异（缺失、重复、易位、倒位）等。一个物种的核型特征即染色体数目、形态及行为的稳定是相对的，故可作为一种遗传标记来测定基因所在的染色体及在染色体上的相对位置。

4.1 染色体核型

将一个细胞内的染色体利用显微摄影的方法，将生物体细胞内的整个染色体拍下来，然后进行同源染色体配对，按照形态、大小和它们相对恒定的特征排列起来制成核型图，并进行染色体特征分析。染色体核型分析[21, 22]的步骤一般包括：①取样、细胞培养和标本的制备过程；采用改进的外周血淋巴细胞培养——空气干燥法制备染色体标本片。将RPMI 1640培养液和新生牛血清以4∶1比例混合，滴加适量PHA稀释液、硫酸庆大霉素－卡诺霉素和肝素钠，混匀后分装于培养瓶（5mL/瓶）；用经肝素润湿的无菌注射器翅静脉采血，注入无菌离心管中，500r/min离心5min，吸取上层淋巴细胞层，注入培养基内，静置于39℃恒温培养箱中培养68～72h，终止培养，离心，新配制的固定液固定，滴片，空气干燥，Giem sa染液染色，自来水冲洗，自然干燥，镜检。②观察细胞分裂相，寻找和选择合适的分裂细胞，显微照相；选择染色体分散良好、形态清晰的分裂相进行观察计数，在10×150倍显微镜下显微照相。③通过剪切、测量和计算进行分析；Ag-NORs标本片的制备及分析，烤片置水浴锅，标本细胞面朝上平放其上，加50% AgNO$_3$溶液和明胶显影液，覆以吸水纸，直到玻片呈金褐色为止，并用蒸馏水快速漂洗，晾干，观察，复染，摄影；在显微镜下选择雌雄各50个AgNORs分裂相以确定二倍体染色体AgNORs数目。根据染色体的大小依次编号排列成核型图。据所测核型参数平均值，绘制鸡核型模式图。按Lvean等的标准划分染色体的形态类型。④对染色体特征的识别和排列作核型分析，与资料的显示和比较，包括柱形图和统计检验等；每个个体选3张较好染色体分裂相照片，用圆规和游标卡尺对前10对染色体（包括一对ZW性染色体）长臂（q）、短臂（p）进行测量，并计算出其相对长度、臂比值和着丝粒指数，根据染色体的大小进行剪贴配对，利用PhotoShop图象处理软件进行剪贴、排序制成鸡染色体核型图。

4.2 带型

带型是指染色体经过特殊处理并用特定染料染色后，在光学显微镜下可见其臂上显示带的颜色深浅、宽窄和位置顺序等，由此可以反映染色体上常染色质和异染色质的分布差异；最常用的显带技术有G带、Q带、C带、R带等。

4.2.1 G带

G带即吉姆萨带，当染色体经胰酶或某些盐类处理，Giemsa染色后，在光学显微镜下所观察到的染色体显示出的丰富带纹（AT区是深色）。

制备方法[22]是将一定片龄的染色体标本片放入60℃烤箱中烤12h，放入38℃的恒温箱中1～3d，胰酶处理前取出标本让其降至室温。取烤片标本浸没于消化液中，消化处理，用Giemsa染色液染色，自来水冲洗，晾干镜检，选择好的分裂相显微摄影。每只鸡选30个较好前中期染色体分裂相，在显微镜下观察，确定染色体带的数量、相对位置、颜色深浅及宽窄等，计数每个细胞前10对染色体带纹的数目，公母鸡各选一张较好的照片，做成G-带带型图，并参照有关家鸡G-带模式图[23]进行区带的划分，绘制所选的鸡G-带模式图。

4.2.2 Q带

Q带也叫荧光带，在染色体上的碱基组成十分均匀的情况下，采用喹吖因或喹吖因介子等荧光染料与染色体的碱基发生特异性作用，在紫外线照射下，沿着每条染色体可显示出横向的、强度不同的荧光带纹（富含AT的明带，富含GC的暗带），使染色体产生出广泛的线性差别，这些区带相当于DNA分子在AT碱基对成分丰富的部分。

制备方法是：①常规染色体制片，制片要求同G带。②将玻片浸于pH6.0的磷酸缓冲液中或柠檬缓冲液中5min。③用荧光染料0.005%氮芥喹吖因或0.5%二盐酸喹吖因染色15～20min；流水冲去荧光染色液。④分色：将经荧光染色过的片子放置pH6.0磷酸缓冲液，或柠檬酸缓冲液，或蒸馏水中分色，每次

5min，共三次。最后一次分色后，滴上pH6.0的磷酸缓冲液，或柠檬酸缓冲液，或蒸馏水，用干净盖玻片盖上（注意不要有气泡），然后用指甲油或石蜡油于盖玻片周围封固，以防水分蒸发。⑤制好玻片放置于荧光显微镜下观察，并用显微照相拍下所需的中期染色体图象，以便作核型分析。

4.2.3 C带

C带又称着丝粒异染色质带，在分裂间期和前期，由于异固缩作用，结构异染色质即可识别，但分裂中期通常不表现出来，故可将中期染色体先经盐酸，后经碱（如氢氧化钡）处理，再用吉姆萨染色，显示的是紧邻着丝粒的异染色质区。

制备方法是参照Summer A T处理法[24]。①常规外周血制备标本。②氢氧化钡处理：将标本浸入60～65℃的5%（饱和）氢氧化钡液中，10s至几分钟（随标本龄而变动，常规1～4min；1月龄片8～16min，最好设置梯度），碱性处理可能通过产生一个高水平的DNA变性，促进DNA溶解。③2X SSC处理：在60～65℃的2X SSC液中处理90min时，用自来水冲洗干净，2X SSC温育可使DNA骨架断裂并使断片溶解。④染色：用蒸馏水配制5% Giemsa，染色5～10min，用自来水冲洗干净，室温下风干后即可镜检。⑤镜检：用显微镜高倍镜镜下检查显带标本，如着丝粒区域或异染色质部位（1、9、16号染色体次缢痕）及Y染色体长臂q12深染，染色体其他部位染色浅，即为可取标本。若观察到染色体均呈白色，则可能是碱处理或2X SSC温育过度。

4.2.4 R带

R带与Q、G带正好表现出相反的带型模式，故又称反带。

R带的着色带正是Q带和G带的阴性带。是中期染色体不经盐酸水解或不经胰酶处理的情况下，经Giemsa染色后所呈现的区带，所呈现的是G带染色后的带间不着色区。

制备方法[25]是：①标本采集、接种和收获：经过加入秋水仙素，低渗预固定和固定制成细胞悬液，细胞悬液浓度适中，过高会使染色体中期分裂象分散度下降，过低都会影响染色体分裂象的个数减少。②滴片：每个标本片使用传统方法，左手持片，右手用吸管吸取悬液后，从40cm高空处滴片，然后酒精灯过火干燥，过火后放置室温下过夜存放。同一标本的片2使用新方法：取出预先经20%乙醇浸泡的载玻片，用吸管吸取混匀的细胞悬液，在玻璃片上缘进行从左到右匀速划过，在划片过程中挤出细胞悬液，使细胞悬液均匀流满整个载玻片。完成后，将载玻片放在室温中自然晾干不需过火。③老化：所有标本滴完并且晾干后，片1放置室温晾干至第2天清晨，第2天再将所有载玻片放入显带缸。片2滴完晾干后放入37℃温箱，存放16h（下午四点至第2天早八点），第2天早晨取出。取出后再放入显带缸。④显带：将温箱老化过夜的玻片放入预热87.3℃的显带缸中（内容物为Elear's显带液），在水浴箱中温浴88～90min，取出，自来水冲洗晾干。传统方法滴的玻片在水浴锅中温浴75～80min取出，自来水冲洗，等待染色。⑤染色：所有玻片用Giemsa染液染色12min，自来水冲洗晾干，用Metefer染色体电子显微镜自动扫描系统扫描。选取120份标本进行对照，其中分裂象个数新方法明显多于传统方法。⑥统计学处理。

4.3 缺失

染色体丢失一段，其上的基因也随之丢失（端部、中间或末端）。即缺失不能在同一条或同源染色体上观察到与之相同的带纹（仅出现一次）。半定量聚合酶链反应方法是一种检测染色体缺失的有效方法，特别是对大量标本的检测时可作为初步筛选的方法，并配合其他的方法，是一种较理想的检测技术。

缺失的细胞学鉴定：①是顶端缺失，有丝分裂出现因断裂－融合－双着丝粒染色体－后期染色体桥，倘若缺失区域很小则在形态上很难看出。②中间缺失，减数分裂染色体联会时则形成缺失环。

4.4 重复

染色体上某一片段出现两次或两次以上的现象（同向、反向或串联），即重复能在形成突起的相邻位置和同源染色体上找到与之相同的带纹（共出现3次）。

4.5 倒位

染色体上某一片段颠倒180°，其上的基因顺序重排（臂间或臂内）。倒位在同源染色体配对时形成倒位环。臂内倒位不改变两个臂的长度，要用染色体显带技术才能识别；臂间倒位则使两个臂的长度出现增减，即使未做染色体显带处理也可观察区分。

4.6 易位

一个染色体上的一段连接到另一条染色体上（非同源染色体间），相互易位可以在中期观察到"十"字结构，有时在后期可以观察到"8"或"0"结构。

染色体易位细胞学检测：①核型分析：培养外周血或骨髓细胞后，使其停止在分裂中期。将一个细胞的全套染色体图像放大成染色体照片，然后按照国际上统一染色体分类及命名标准，将照片中的染色体进行配对排列，构成特定图像，即核型。核型分析即通过对核型进行观察分析以确定染色体是否异常。②染色体显带：最基本的是G显带，即制备中期染色体标本，用胰酶处理后吉姆萨染色，在光镜下观察深浅相间的区和带。根据对染色体处理方法不同，有十余种显带技术。③染色体原位杂交：将用生物素、荧光等做标记的DNA片段，与玻片上的细胞、染色体或间期核的DNA或RNA杂交，在这些核酸不改变原来结构的情况下研究核酸片段的位置和相互关系。

5 鸡分子遗传标记测定方法

5.1 微卫星DNA标记

又称短串联重复序列（STR）或简单序列重复（SSR）和简单序列长度多态性（SSLP），广泛存在于真核生物基因组中，以1～6个碱基为核心序列，首尾相连组成的串联重复序列。每个微卫星两侧一般是相对保守的单拷贝序列，据此可设计专一引物，通过PCR技术扩增微卫星片段，扩增产物经凝胶电泳分离后，不同个体间因核心序列的重复次数不同而产生DNA多态性。SSR标记的关键是特异PCR引物的获得。

微卫星标记分析：①选取至少五个不同地方品种的鸡种，进行肝素钠抗凝管翅下采静脉血1～1.5mL/只，进行基因组DNA的提取。②根据GenBank提供的鸡的SSR序列进行引物筛选，选择出微卫星标记，进行PCR扩增；扩增产物采用8%（质量分数）变性聚丙烯酰胺凝胶电泳分离硝酸银染色凝胶成像系统拍照，以PBR322DNA/MSPIMarkers作为分子质量标准判定等位基因大小。③将含荧光标记的PCR产物用ABI3130XL DNA全自动测序仪进行毛细管电泳，检测片段大小信息。④数据统计分析。

如由儋州鸡、黎凤鸡、昌江霸王山鸡、文昌鸡和北京油鸡五个品种[26]中，微卫星共享位点有15个，MCW0014、

MCW0016、MCW0034、MCW0067、MCW0081、MCW0111、MCW0183、MCW0206、MCW0216、MCW0295、MCW0330、LEI0094、LEI0166、ADL0268、ADL0278。

琅琊鸡、济宁百日鸡、清远麻鸡、莱芜黑鸡和沂蒙草鸡五个品种[27]微卫星共享位点有14个，MCW0014、MCW0067、MCW0081、MCW0111、MCW0123、MCW0165、MCW0183、MCW0206、MCW0216、MCW0278、ADL0210、ADL0278、LEI0094、LEI0016。

仙居鸡、鹿苑鸡、固始鸡、大骨鸡、河南斗鸡、狼山鸡、萧山鸡七个品种[28]微卫星共享位点有29个，MCW0014、MCW0016、MCW0020、MCW0034、MCW0037、MCW0067、MCW0069、MCW0078、MCW0080、MCW0081、MCW0098、MCW0103、MCW0104、MCW0111、MCW0123、MCW0165、MCW0183、MCW0206、MCW0216、MCW0222、MCW0248、MCW0295、MCW0330、LEI0094、LEI0166、LEI0234、ADL0112、ADL0268、ADL0278。

我国12个地方鸡品种[29]（白耳鸡、茶花鸡、大骨鸡、河南斗鸡、丝羽乌骨鸡、固始鸡、狼山鸡、鹿苑鸡、藏鸡、仙居鸡、萧山鸡、北京油鸡）微卫星共享位点有16个，MCW0014、MCW0020、MCW0034、MCW0067、MCW0069、MCW0078、MCW0104、MCW00111、MCW0123、MCW0165、MCW0206、MCW00222、MCW0295、MCW0330、LEI0094、LEI0234。

四川山地乌骨鸡黑羽系、川西草科乌骨鸡、川南山地乌骨鸡、川东旧院黑鸡、成都黑凤丝羽乌骨鸡和白凤丝羽乌骨鸡6个鸡种[30]微卫星共享位点有10个，MCW0004、MCW0006、MCW0011、MCW0035、MCW0073、MCW0104、

MCW0120、MCW0185、MCW0223、MCW0264。

选择福建德化黑鸡、白绒乌鸡、金湖乌鸡、河田鸡以及江西泰和乌鸡五个鸡种[31]中，微卫星共享位点有6个，MCW0005、MCW0032、MCW0037、MCW0222、ADL0176、ADL0251。

5.2 mtDNA区域

线粒体DNA区域目前普遍采样的是RFLP分析法。RFLP法是从体组织或血液中分离提取出的纯mtDNA，然后用识别不同序列的限制性内切酶进行单酶、双酶或不完全酶消化处理，切成大小不同的片段，经凝胶电泳将这些片段按分子量大小分离出来，通过染色或放射自显影技术来显示，从而分析mtDNA的多态性。

制备mtDNA的方法[32]：①用碱裂解法分离核DNA与mtDNA：碱裂解法由变性和复性两步构成。变性溶液为0.2mol/L NaOH-1% SDS，能裂解线粒体膜，释放出mtDNA；复性溶液为KAc-HAc或NaAc-HAc缓冲液，呈酸性，可以中和变性溶液而使溶液呈中性，便于线粒体DNA复性，而gDNA变性后结构松散，不能复性，能复性的线粒体DNA溶于溶液中，不能复性的基因组DNA与溶液中的蛋白质等杂质一起形成沉淀，通过离心可将两者分离开来。②酚仿抽提纯化mtDNA：初步得到的mtDNA含有蛋白质和其他杂质，进一步的纯化需要有机溶剂抽提，较完整的纯化步骤包括酚（等体积的饱和酚，pH8.0）、酚/氯仿/异戊醇（体积比为25：24：1）、氯仿抽提三步。这样既可以减少mtDNA的损失又能有效去除蛋白质等杂质，以减少后续对DNA的分子操作的干扰。③mtDNA的沉淀、溶解与检测：纯化后的mtDNA用异丙醇沉淀，进行离心即得纯净的mtDNA。最后用70%乙醇洗涤，风干，可以使纯化时所用的有机溶剂挥发，以减少后续对DNA的分子操作的干扰。得到的mtDNA可以用适量的去离子水或TE溶液（pH8.0）溶解。琼脂糖凝胶电泳和紫外分光光度计可以用来检测DNA浓度和纯度。一般动物的mtDNA大小为16kb，可以通过观察条带亮度判断所得的mtDNA的量，如果有小于50kb的拖带则说明有降解，如果条带弥散则说明降解严重；紫外分光光度计可以估测DNA浓度，核酸在260nm有吸收峰，根据A260可估计核酸的浓度。芳香类物质（如植物多酚）及含有苯环的蛋白质在280nm有吸收峰，A260/A280大于1.6小于2.0时，核酸的纯度较好，如果A260/A280>2.0，则可能有寡聚核苷酸或RNA污染，当A260/A280<1.6时说明有蛋白质、酚、氯仿或乙醇等的污染。

5.3　SNP标记

单核苷酸多态性标记。以DNA序列（mRNA或单核苷酸多态性）为核心，主要是指在基因组水平上对由单个核苷酸的变异所引起的DNA序列多态性进行校证。SNP是一种二态的标记，由单个碱基的转换或颠换所引起，也可由碱基的插入或缺失所致。SNP既可能在基因序列内，也可能在基因以外的非编码序列上。

检测方法有多种，如限制性片段长度多态性法PCR-RFLP；单链构象多态性法PCR-SSCP；变性梯度凝胶电泳（DGGE）；等位基因特异性PCR（ASPCR）等。最经典的还是PCR-RFLP法[133]。即根据某基因SNP位点上的序列设计引物，在根据引物进行鸡基因组 DNA 的 PCR 扩增，之后利用限制性内切酶的酶切位点的特异性，用两种或两种以上的限制性内切酶作用于同一 DNA 片段，在对酶切产物进行电泳分离，如果存在 SNP 位点，酶切片段的长度和数量则会出现差异，根据电泳的结果就可以判断是否 SNP 位点。

5.4 RFLP 标记

限制性片段长度多态性标记。主要以 Southern 杂交为核心，用限制性内切酶切割基因组 DNA 后，基因组 DNA 在检测区域内发生了重排、插入、缺失或点突变，导致酶切位点发生改变，从而形成了大小不等、数量不同的酶切片段，当这些片段通过凝胶电泳时就形成不同的带，用分子探针杂交并利用放射自显影成像时，不同程度的 RFLP 谱带表示其多态性。

5.5 RAPD 标记

随机扩增多态性 DNA 标记。主要以 PCR 技术为核心。以单个人工合成的随机多态核苷酸序列（通常为 8 ~ 10nt）为引物，以组织分离出来的基因组 DNA 为模板，在 Taq 酶作用下，进行 PCR 扩增。随机引物在基因组 DNA 序列上有特定结合位点，一旦基因组在这些区域发生 DNA 片段插入、缺失或碱基突变，就可能导致这些特定结合位点的分布发生变化，从未导致扩增产物的数量和大小发生改变，表现出多态性。扩增产物经凝胶电泳分离、溴化乙啶染色后，在紫外透视仪上检测多态性。扩增产物的多态性反映了基因组相应区域 DNA 的多态性。

5.6　AFLP标记

扩增片段长度多态性标记。主要以PCR技术为核心。其检测方法是提取的基因组DNA经两种限制性内切酶酶切，形成分子量大小不等的随机酶切片段，将特定的人工合成的短的双链接头连在这些片段的两端，形成一个带接头的特异片段，用含有选择性碱基的引物对模板DNA进行扩增。扩增产物经放射性同位素标记、聚丙烯酰胺凝胶电泳分离，电泳完毕后，将粘有凝胶的玻璃板置入用于银染的塑料盘中，加入固定液，在摇床上轻微震荡30min。固定结束后，固定液保留；加入去离子水漂洗3次，每次2min；将凝胶放入染色盘中，倒入染色液（4℃），在摇床上轻微震荡30min。用去离子水漂洗凝胶10s后，置入显色盘中；加入显色液（4℃），在摇床上轻微震荡直至条带数不再增加为止；加入固定液，来回漂几分钟。达到最好效果后，用蒸馏水漂洗几分钟。去除凝胶和玻璃板上的水珠后，放在白光灯箱上用数码相机拍照，然后根据银染结果检出多态性。

5.7　全基因组SNP芯片

家鸡在2004年成为第一个完成全基因测序的农业经济动物[34]，目前主流的鸡全基因组SNP分型技术主要有基因分型芯片和二代测序两种方法。

5.7.1　基因分型芯片

基因分型芯片[35]的制备方法：用PCR方法扩增待测样品

和参考样品中含有多态性位点的特定区域，得到一套核酸片段；将获得的核酸片段固定在微阵列基片上，得到基因分型芯片；将样品及参考样品固定于芯片表面，即将核酸样品于二甲基亚砜等化学反应基团或生物分子等量混合并放入微量滴定板中，滴定板可放置于 Gen III 芯片点样仪中并在表面硅烷化的光学玻璃基片上点样，然后将基片空气干燥，再经紫外线照射即可。用此方法制备的芯片可以立即使用，也可干燥储存待用。

另外利用基因分型芯片可对多个样品的基因多态性位点进行基因型检测，其方法是：制备探针，所述探针至少能够检测一个参考样品多态性位点的已知基因型；将一条经标记的探针与上述基因分型芯片杂交；将每个待测样品的杂交信号与至少一个参考样品的杂交信号进行比较，确定每个待测样品在某个多态性位点的基因型。

5.7.2 二代DNA测序

①测序文库的构建。首先准备基因组，然后将DNA随机片段化成几百碱基或更短的小片段，并在两头加上特定的接头。如果是转录组测序，则文库的构建要相对麻烦些，RNA片段化之后需反转成cDNA，然后加上接头，或者先将RNA反转成cDNA，然后再片段化并加上接头。②锚定桥接。Solexa测序的反应在叫作flow cell的玻璃管中进行，flow cell又被细分成8个Lane，每个Lane的内表面有无数的被固定的单链接头。上述步骤得到的带接头的DNA片段变性成单链后与测序通道上的接头引物结合形成桥状结构，以供后续的预扩增使用。③预扩增。添加未标记的dNTP和普通Taq酶进行固相桥式PCR扩增，单链桥型待测片段被扩增成为双链桥

型片段。通过变性，释放出互补的单链，锚定到附近的固相表面。通过不断循环，将会在Flow cell 的固相表面上获得上百万条成簇分布的双链待测片段。④单碱基延伸测序。在测序的flow cell中加入四种荧光标记的dNTP、DNA 聚合酶以及接头引物进行扩增，在每一个测序簇延伸互补链接时，每加入一个被荧光标记的dNTP 就能释放出相对应的荧光，测序仪通过捕获荧光信号，并通过计算机软件将光信号转化为测序峰，从而获得待测片段的序列信息。⑤数据分析。

6　地方遗传资源特色性状评价

6.1　肉品质[36]

6.1.1　水分

参照国标GB/T 5009.3—2016《食品安全国家标准食品中水分的测定》。

取肉样于称量瓶中，放在105℃干燥箱中烘至恒重后称重，计算含水量。

6.1.2　粗蛋白和粗脂肪

粗蛋白测定参照国标GB/T 5009.5—2016《食品安全国家标准食品中蛋白质的测定》；粗脂肪测定参照GB/T 5009.6—2016《食品安全国家标准食品中脂肪的测定》。

分别用凯氏定氮法和索氏浸提法测定。

6.1.3　粗灰分

参照国标GB/T 5009.4—2016《食品安全国家标准食品中灰分的测定》。

在550℃马福炉中灼烧至恒重，称重，得到粗灰分含量。

6.1.4　干物质

取肉样置于称量瓶中，放在105℃干燥箱中烘至恒重后称重，计算其与肉样重量的比例。

6.1.5　失水率

取新鲜肌肉称重（m_1），肉样上下2面各垫12层滤纸（加压5min后最外层滤纸不湿即可），上下2面滤纸外层各放1块硬质塑料板，将铜环置于膨胀仪平台上，加压68.66KPa，持续5min，撤除压力后称重（m_2）。

失水率[8]计算公式为：失水率 = $\dfrac{m_1 - m_2}{m_1} \times 100\%$

6.1.6　系水力

参照国标GB/T 19676—2005《黄羽肉鸡产品质量分级》。

屠宰后1h内的新鲜屠体，用取样器在胸大肌上取质量约0.5g的肉样，置于两层医用纱布之间，上下各垫18层滤纸，加压35kg，保持5min。原肌肉含水量的测定按照GB/T 14772执行。

系水力按下式计算

$$X = \frac{m_1 A - (m_1 - m_2)}{m_1 A} \times 100\%$$

式中

X：样品系水力（%）；　　A：原肌肉含水量（%）；

m_1：加压前的肉样质量；　　m_2：加压后肉样质量。

6.1.7　大理石纹

在室内自然光线下以猪美式标准图谱为参照[37]，与肉样横切面进行对照打分。有痕迹打1分，微量打2分，少量打3分，适量打4分，大量打5分。

6.1.8　挥发性香气物质

鸡肉中的挥发性香气物质含量测定方法主要运用顶空固相微萃取顶空气相色谱方法。具体步骤[38]如下：

样品测定：取2g肉样用真空冷冻干燥机干燥后研磨磨碎加入0.402 5g丁酮作为内标，放入15mL的样品瓶中，自动进样器将样品瓶移动到加热处，60℃预热20min；萃取头部进入，在250r/min的搅拌速度下萃取30min后，萃取头部进入气相色谱进样口在250℃条件下解析2min。气质联用分析采用Agilent 7890B-5977A GC/MSD，HP-5（30m×0.320 mm×0.25μm）高纯氦气作为载气；流速为1.0mL/min，进样口温度为250℃；升温程序如下：40℃保持3min，以5℃/min升高到120℃，再以10℃/min升高到230℃保持25min。质谱电离方式为EI，能量70eV，离子源温度为200℃，接口温度为250℃，质谱扫描范围为35～500m/z。

定性方法：经计算机检索，同时与NIST library对照相匹配，本研究报道于相似度大于80%的鉴定结果。

定量方法：挥发性物质质量浓度（mg/g）=化合物与丁酮的峰面积比×402.5mg/2g。

香气活性值（odor activity value，OVA）：某个成分的含量与其对应的香气阈值之比。

香气阈值：指开始闻到香气时该物质的最小浓度。

6.1.9　嫩度

参照农业行业标准NY/T 1180—2006《肉嫩度的测定 剪

切力测定法》。

测定方法是：①禽屠宰后，采集胸肌中段长×宽×高不少于6cm×3cm×3cm的整块肉样进行嫩度测定，剔除表面的肌膜和脂肪后放入保鲜袋内，置于0～4℃冷藏室内成熟，备用。②将禽肉从冷藏室中取出，放入功率为1500W恒温水浴锅中80℃加热，用热电耦测温仪测量肉样中心温度，待肉样中心温度达到70℃时，将肉样取出冷却至中心温度为0～4℃。③将鸡肉样品置于平板玻璃上，用直径为1.27cm的圆形取样器沿与肌纤维平行的方向钻切肉样，孔样长度不少于2.5cm，取样位置应距离样品边缘不少于5mm，两个取样的边缘间距不少于5mm，剔除有明显缺陷的孔样，测定样品数量不少于3个。取样后应立即测定。④将孔样置于仪器的刀槽上，使肌纤维与刀口走向垂直，启动仪器剪切肉样，测得刀具切割这一用力过程中的最大剪切力值（峰值），为孔样剪切力的测定值。测定仪器的最大量程应≥49N，最低作用力感应值应≤0.009 8N，仪器精度应≤0.02%。刀具厚度3.0mm±0.2mm，刃口内角度60°，内三角切口的高度≥35mm，砧床口宽4.0mm±0.2mm。

记录所有的测定数据，取各个孔样剪切力的测定值的平均值扣除空载运行最大剪切力，计算肉样的嫩度值。公式为：

$$X = \frac{X_1 + X_2 + X_3 + \cdots\cdots + X_n}{n} - X_0$$

式中：

X——肉样的嫩度值（N）；

$X_1 \cdots X_n$——有效重复孔的最大剪切力值（N）；

X_0——空载运行最大剪切力（N）；

n——有效孔的数量。

6.1.10　肉色

取新鲜胸肌5g（无筋腱、脂肪），剪碎，置匀浆管内，立即加蒸馏水10mL，匀浆10min，随后将全部匀浆物移入离心管中，3 000r/min离心10min，取上清液在751分光光度计波长540nm下记录肉色[39]的OD值。

6.1.11　剪切力

参照农业行业标准NY/T 2793—2015《肉的食用品质客观评价方法》。①以鸡胸肉（胸大肌）作为取样原料，固定取样部位。形状不规则、肌纤维走向不一致或肌肉厚度小于2.5cm的鸡胸肉不适合用于剪切力的测定。去除鸡胸肉表面的结缔组织、脂肪和肌膜，使其表面平整。②用锋利的刀具顺着鸡胸肉肌纤维的方向在取样部位将其切成厚×长×宽约为3.0cm×5.0cm×5.0cm的肉块。将肉块从−1.5℃至7.0℃的冷库或冰箱中取出，放在室温下（25.0℃左右），可通过自来水平衡0.5h。③将热电偶测温仪探头由上而下插入至肉块中心，记录肉块的初始温度。④再将肉块放入塑料蒸煮袋中，将袋口用夹子夹住，将包装的肉块放入72.0℃恒温浴锅内（水浴锅内水的高度应以完全浸没肉样，袋口不得浸入水中为宜）。⑤当肉块中心温度达到72.0℃时，记录加热时间，并立即取出装肉块的蒸煮袋。放入流水中冷却30min（水不得浸入袋内）。将肉样置于−1.5℃至7.0℃冷库或冰箱中12h，待切分肉柱。⑥将冷却的熟肉块从塑料蒸煮袋中取出，放在室温下平衡0.5h，用普通吸水纸或定性滤纸吸干表面的汁液。⑦用手术刀沿肌纤维方向分切成多个1.0cm厚的肉片，再从1.0cm厚的肉片中沿肌纤维的自然走向分切出1.0cm宽的肉柱。肉柱的宽度用直尺测量，肉柱制备过程中，应避免肉眼可见的结缔组织、血管及其他缺陷，每个熟肉块切分得到的肉柱个数应不少于3个。⑧用肉类剪切仪测定剪切力时，沿肌纤维垂直方向剪切肉柱，记录剪切力值，计算平均值。

6.1.12　pH_1

参照国标GB/T 9695.5—2008《肉与肉制品pH测定》。

pH测定鸡被屠宰后45min时记录为pH_1。常用方法[40]有：采用便携式pH计插入胸肌测定pH；取新鲜胸肌样，立即与碘醋酸盐缓冲液或去离子水一起匀浆，然后用pH计测定混合液的pH；通过测定肌肉中糖元含量、乳酸盐含量或R值（是指ATP降解产物肌苷与ATP腺苷间的比例，可作为间接反映ATP损耗的指标）间接估测肌肉pH的变化。

6.1.13　pHu

参照国标GB/T 9695.5—2008《肉与肉制品pH测定》。

将待测肉样置于4℃冰箱保存24h后，pH测定值则记录为pHu值（终点pH）。

6.1.14　滴水损失

参照农业行业标准NY/T 2793—2015《肉的食用品质客观评价方法》。

用电子天平将肉条称重。用铁钩勾住肉条一端，悬挂于聚乙烯塑料袋中，充气，扎紧口袋。肉条不接触包装袋，在−1.5℃至7.0℃下冷库中吊挂24h。取出肉条，用普通吸水纸或定性滤纸吸干肉条表面水分，再次称重。吊挂前后肉条重量的损失占其原重量的百分比即为滴水损失。

6.1.15　蒸煮损失

分别称取胸肌和腿肌各约30g，0～4℃熟化24h后，放入塑料食品袋中，置75℃的水浴中蒸煮，直至肌肉中央温度与水浴相同时取出肉样，阴凉处吊挂30min后称重，计算蒸煮损失[41]。蒸煮损失=（煮前重－煮后重）/煮前重×100%。

6.1.16　加压失水率

参照农业行业标准NY/T 2793—2015《肉的食用品质客观评价方法》。

用电子天平将肉柱称重，而后用双层纱布包裹，再用上、下各16层普通吸水纸或定性滤纸包裹。在无限压缩仪上加压35.0kg，并保持5min。去除纱布、吸水纸或滤纸后，再次称重。加压前后肉样重量的损失占其原重量的百分比即为加压失水率。

6.1.17　离心损失

参照农业行业标准NY/T 2793—2015《肉的食用品质客观评价方法》。

用电子天平将样品称重。用滤纸把肉样包裹好，放入50mL的离心管中（内放入脱脂棉，脱脂棉高度5.5cm～6.0cm）用4.0℃高速冷冻离心机按9 000r/min离心10min。取出样品，剥去滤纸，再次称重。离心前后肉样重量的损失占其原重量的百分比即为离心损失。

6.1.18　肌纤维密度

在目镜中加入网格目测微尺，在10×40倍的显微镜下，用网格型的目微尺测量5个视野内的肌纤维根数，换算成每平方毫米面积内肌纤维的根数即为肌纤维的密度[42]。在选择视野时避开较大的肌束膜，读出单位面积的肌纤维根数，共读5个视野。

6.1.19 肌纤维直径

参照国标GB/T 19676—2005《黄羽肉鸡产品质量分级》。

取屠宰后1h内的新鲜屠体，在胸大肌顺肌纤维方向取宽约1cm、长约2cm、深约1cm的肌肉束，于固定液中浸泡，置于4℃冰箱中保存。采用石蜡和冰冻切片制作方法做成肌肉组织切片。用图像分析仪或光学显微镜观察测定肌纤维直径。

6.1.20 肌节长度

于新鲜肉样的中心部位取3cm^{2}左右的一小块与20mL的0.08mol/L KCl溶液混合，于高速组织捣碎机中均质30s，制压片一张，用相差显微镜10×100倍显微测量肌节长度，每个样本随机测定20根肌原纤维的肌节，其平均值代表该肌肉样本的肌节长度。

6.1.21 肌纤维间距

在10×40倍的显微镜下，用网格形的目微尺测量，各个样品测100个间距，在5个视野上随机取样。

6.1.22 红肌纤维、白肌纤维、中间型肌纤维直径

将新鲜胸肌、腿肌样置入−20℃冻切片机冷冻30min后切片，切片厚度为12μm，琥珀酸脱氢酶（SDH）染色法染色。测量红肌纤维、中间型肌纤维、白肌纤维的直径。

6.1.23　肌间脂肪

将所采集的肉样剔除可见的肌膜、筋腱等后切碎后干燥，将干燥后的肉样研磨过60目筛后，连同滤纸包称重，记为初重。然后放入索氏瓶中加入乙醚（60度），启动通风，经冷凝水冷凝和索氏加热器加热后，连续萃取36h。然后取下滤纸包置于干燥器中过夜，于次日将滤纸包置于80℃干燥箱（13kPa以下）中处理1.5h，再将滤纸包取出称重，记为末重。根据样品重量计算肌间脂肪含量。

肌间脂肪＝（滤纸包初重－滤纸包末重）×100%。

6.1.24　肌内脂肪

参照国标GB/T 5009.6—2003《食品中脂肪的测定》。

采用索氏抽提法。鸡宰后2h以内，采取已剔除脂肪和结缔组织鸡肉胸肌50g，装入保鲜袋中放入－20℃冰箱中保存备用。测量时把肉样从冰箱取出，放入生化培养箱中4℃解冻12h，剁成肉末，测量鸡肉胸肌肌内脂肪的含量。

6.1.25　脏器指数

影响脏器指数的因素很多，如：品种和营养因素等。内脏器官是鸡赖以生长的各种营养物质消化和吸收的主要场所，属机体功能性器官。只有当内脏器官得到充分发育，才能为肌肉等养分消耗器官的物质合成奠定基础。器官相对质量是指器官质量与屠体质量之比，其大小表示器官的发育程度高低。健康与结实的内脏器官才能保证鸡的正常生长、良好的抗应激能力和较强的适应能力。

测定方法[43]：宰前停食24h后称活质量。颈动脉放血宰杀后，立即剖开体腔，按部位仔细分离内脏，用氯化钠注射液清洗血污，吸干表面水分，用分析天平分别称肠质量、胃质量、肝质量、肺质量、肾质量、心脏质量及总内脏质量。脏器指数的计算公式：脏器指数（相对质量）＝（脏器鲜质量/体活质量）×100%。

6.1.26 亮度（L）、红度（a）、黄度（b）

参照农业行业标准NY/T 2793—2015《肉的食用品质客观评价方法》。

鸡胸肉靠近肋骨一侧表面的中间1/3面积内。样品表面应平整，测量时尽量避开结缔组织、血瘀和可见脂肪。将色差仪与其相对应的标准比色板对照，进行校正。将色差仪的镜头垂直置于肉面上，镜口紧扣肉面（不能漏光）。尽可能避开肌内脂肪和肌内结缔组织。测量并分别记录肉样的亮度值（L*）、红度值（a*）、黄度值（b*）。每个样品至少测定3个点，取3个点的平均值分别作为其L*、a*、b*。亮度值（L*）取值范围为0～100，值越大表示物体颜色越亮，反之越暗；红度值（a*）取值范围为+127～-128，正值代表颜色偏红，负值代表颜色偏绿；黄度值（b*）取值范围为+127～-128，正值代表颜色偏黄，负值代表颜色偏蓝。

6.1.27 三磷酸腺苷（ATP）

ATP是IMP形成的重要前提物质，ATP可以转化为IMP。

鸡胸肌和腿肌样品制备[44]：称取鸡的胸肌和腿肌各0.5g，PBS中洗3遍，置于7mL的匀质管中，按1：9比例加PBS 4.5mL，匀浆器6 000r/min离心4min，室温静置5min，吸取匀浆液500μL，置于1.5mL的小管中，加500μL的0.2% Triton

X -100，混匀，12 000r/min 离心 3min。取 10μL 上清液加入 990μL 水中，混匀，取 10μL 稀释液打到 ATP 检测拭子棉签上检测；将 ATP 标样溶液用 PBS 逐级稀释成 10^{-5}g/mL，10^{-6}g/mL，10^{-7}g/mL，10^{-8}g/mL，10^{-9}g/mL，10^{-10}g/mL。取样 10μL，则 ATP 的摩尔数分别为 0.2×10^{-11}mol，0.2×10^{-12}mol，0.2×10^{-13}mol，0.2×10^{-14}mol，0.2×10^{-15}mol，0.2×10^{-16}mol；取不同梯度的 ATP 稀释液 10μL，打在 ATP 拭子棉签上，装上外套，挤下上面的反应液，反应 10s，然后放入便携式 ATP 检测仪，10s 后读数；最后根据 ATP 标准稀释样的测定结果作出标准曲线。

6.1.28　脂肪酸测定

参照国标 GB/T 5009.168—2016《食品中脂肪酸的测定》进行。

前期处理方法：称取均匀试样适量，利用索氏提取法提取脂肪后，在脂肪提取物中，继续加入 2mL 2% 氢氧化钠甲醇溶液，85℃ 水浴锅中水浴 30min，加入 3mL 14% 三氟化硼甲醇溶液，于 85℃ 水浴锅中水浴 30min。水浴完成后，等温度降到室温，在离心管中加入 1mL 正己烷，震荡萃取 2min 之后，静置 1h，等待分层。取上层清液 100μL，用正己烷定容到 1mL。用 0.45μm 滤膜过膜后上机测试。

色谱条件：色谱柱为 CD-2560（100mm × 0.25mm × 0.2μm）。温度程序在 130℃ 保温 5min，然后以 4℃ /min 的速率加热至 240℃，保温 30min。进样口温度：250℃，载气流速：0.5mL/min，分流进样，分流：10 ∶ 1，检测器：FID，检测器温度：250℃。脂肪酸特性根据其保留时间计算，脂肪酸浓度根据其峰面积计算。

试样中各脂肪酸的含量按公式计算：

$$W = \frac{CV \times N}{m} \times k$$

式中：

W——试样中各脂肪酸的含量，单位：mg/kg。

C——试样测定液中脂肪酸甲酯的浓度，单位：mg/L。

V——定容体积，单位：mL。

k——各脂肪酸甲酯转化为脂肪酸的换算系数。

N——稀释倍数。

m——试样的称样质量，单位：g。

$$相对含量（\%）= A_i / \sum A_i \times 100\%$$

式中：

A_i为脂肪酸i的峰面积；

$\sum A_i$为全部成分峰面积之和。

6.1.29　氨基酸测定

参照国标GB/T 5009.124—2016《食品中氨基酸的测定》。

（1）**试样制备**　固体或半固体试样使用组织粉碎机或研磨机粉碎，液体试样用匀浆机打成匀浆密封冷冻保存，分析用时将其解冻后使用。

（2）**试样称量**　均匀性好的样品，准确称取一定量试样（精确至0.000 1 g），使试样中蛋白质含量在10 ~ 20mg范围内。对于蛋白质含量未知的样品，可先测定样品中蛋白质含量。将称量好的样品置于水解管中。很难获得高均匀性的试样，如鲜肉等，为减少误差可适当增大称样量，测定前再做稀释。对于蛋白质含量低的样品，如蔬菜、水果、饮料和淀粉类食品等，固体或半固体试样称样量不大于2g，液体试样称样量不大于5g。

（3）**试样水解** 根据试样的蛋白质含量，在水解管内加10～15mL 6mol/L盐酸溶液。对于含水量高、蛋白质含量低的试样，如饮料、水果、蔬菜等，可先加入约体积相同的盐酸混匀后，再用6mol/L盐酸溶液补充至大约10mL。继续向水解管内加入苯酚3滴至4滴。将水解管放入冷冻剂中冷冻3～5min，接到真空泵的抽气管上，抽真空（接近0Pa）然后充入氮气，重复抽真空-充入氮气3次后，在充氮气状态下封口或拧紧螺丝盖。将已封口的水解管放在110℃±1℃的电热鼓风恒温箱或水解炉内，水解22h后，取出，冷却至室温。打开水解管，将水解液过滤至50mL容量瓶内，用少量水冲洗水解管多次，水洗液移入同一50mL容量瓶内，最后用水定容至刻度，振荡混匀。准确吸取1.0mL滤液移入到15mL或25mL试管内，用试管浓缩仪或平行蒸发仪在40～50℃加热环境下减压干燥，干燥后残留物用1～2mL水溶解，再减压干燥，最后蒸干。用1.0～2.0mL pH2.2柠檬酸钠缓冲溶液加入到干燥后试管内溶解，振荡混匀后，吸取溶液通过0.22μm滤膜后，转移至仪器进样瓶，为样品测定液，供仪器测定用。

（4）**测定**

仪器条件：使用混合氨基酸标准工作液注入氨基酸自动分析仪，参照JJG 1064—2011氨基酸分析仪检定规程及仪器说明书，适当调整仪器操作程序及参数和洗脱用缓冲溶液试剂配比，确认仪器操作条件。

色谱参考条件：色谱柱（磺酸型阳离子树脂）；检测波长：570nm和440nm。

试样的测定：混合氨基酸标准工作液和样品测定液分别以相同体积注入氨基酸分析仪，以外标法通过峰面积计算样品测定液中氨基酸的浓度。

混合氨基酸标准储备液中各氨基酸的含量计算：

$$c_j = mj/M_j \times 250 \times 1\,000$$

式中：

c_j——混合氨基酸标准储备液中氨基酸 j 的浓度，单位为微摩尔每毫升（μmol/mL）；

m_j——称取氨基酸标准品 j 的质量，单位为毫克（mg）；

M_j——氨基酸标准品 j 的分子量；

250——定容体积，单位为毫升（mL）；

1 000——换算系数。

结果保留 4 位有效数字。

样品测定液氨基酸的含量计算：

$$C_i = C_s/A_s \times A_i$$

式中：

C_i——样品测定液氨基酸 i 的含量，单位为纳摩尔每毫升（nmol/mL）；

A_i——试样测定液氨基酸 i 的峰面积；

A_s——氨基酸标准工作液氨基酸 s 的峰面积；

C_s——氨基酸标准工作液氨基酸 s 的含量，单位为纳摩尔每毫升（nmol/mL）。

③试样中各氨基酸的含量计算：

$$X_i = c_i \times F \times V \times M/m \times 10^9 \times 100$$

式中：

X_i——试样中氨基酸 i 的含量，单位为克每百克（g/100g）；

c_i——试样测定液中氨基酸 i 的含量，单位为纳摩尔每毫升（nmol/mL）；

F——稀释倍数；

V——试样水解液转移定容的体积，单位为毫升（mL）；

M——氨基酸i的摩尔质量，单位为克每摩尔（g/mol）；

m——称样量，单位为克（g）；

10^9——将试样含量由纳克（ng）折算成克（g）的系数；

100——换算系数。

6.1.30　总挥发性盐基氮（TVBN）

根据国标GB/T 5009.228—2016《食品中挥发性盐基氮的测定》。

试验处理：鲜（冻）肉去除皮、脂肪、骨、筋腱，取瘦肉部分直接绞碎搅匀。鲜（冻）样品称取试样20g，置于具塞锥形瓶中，准确加入100.0mL水，不时振摇，试样在样液中分散均匀，浸渍30min后过滤。滤液应及时使用，不能及时使用的滤液置冰箱内0 ~ 4℃冷藏备用。对于蛋白质胶质多、黏性大、不容易过滤的特殊样品，可使用三氯乙酸溶液替代水进行实验。蒸馏过程泡沫较多的样品可滴加1滴至2滴消泡硅油。

测定：向接收瓶内加入10mL硼酸溶液，5滴混合指示液，并使冷凝管下端插入液面下，准确吸取10.0mL滤液，由小玻杯注入反应室，以10mL水洗涤小玻杯并使之流入反应室内，随后塞紧棒状玻塞。再向反应室内注入5mL氧化镁混悬液，立即将玻塞盖紧，并加水于小玻杯以防漏气。夹紧螺旋夹，开始蒸馏。蒸馏5min后移动蒸馏液接收瓶，液面离开冷凝管下端，再蒸馏1min。然后用少量水冲洗冷凝管下端外部，取下蒸馏液接收瓶。以盐酸或硫酸标准滴定溶液（0.010 0mol/L）滴定至终点。使用1份甲基红乙醇溶液与5份溴甲酚绿乙醇溶液混合指示液，终点颜色至紫红色。使用2份甲基红乙醇溶液与1份亚甲基蓝乙醇溶液混合指示液，终点颜色至蓝紫色。同时做试剂空白。

计算结果表述：挥发性盐基氮以每100g样品含氮mg数表示。

试样中挥发性盐基氮的含量计算

$$X = \frac{(V_1 - V_2) \times c \times 14}{m \times (V - V_0)} \times 100$$

式中：

X——试样中挥发性盐基氮的含量，单位为毫克每百克（mg/100g）或毫克每百毫升（mg/100 mL）；

V_1——试液消耗盐酸或硫酸标准滴定溶液的体积，单位为毫升（mL）；

V_2——试剂空白消耗盐酸或硫酸标准滴定溶液的体积，单位为毫升（mL）；

c——盐酸或硫酸标准滴定溶液的浓度，单位为摩尔每升（mol/L）；

14——滴定1.0 mL盐酸[c（HCl）=1.000mol/L]或硫酸[c（1/2H$_2$SO$_4$）=1.000mol/L]标准滴定溶液相当的氮的质量，单位为克每摩尔（g/mol）；

m——试样质量，单位为克（g），或试样体积，单位为（mL）；

V——准确吸取的滤液体积，单位为毫升（mL），本方法中V=10；

V_0——样液总体积，单位为毫升（mL），本方法中V_0=100；

100——计算结果换算为毫克每百克（mg/100g）或毫克每百毫升（mg/100mL）的换算系数。

实验结果以重复性条件下获得的两次独立测定结果的算术平均值表示，结果保留三位有效数字。

6.1.31 丙二醛（MDA）

MDA是一种生物体脂质氧化的天然产物，采用脂质氧化情况评估禽肉的酸败度，因MDA的测定被广泛用作脂质过氧化程度的指标。

TBA比色法测定步骤：

称取剪碎的待测样品1g，加入2mL 10%三氯乙酸（TCA）和少量石英砂，研磨至匀浆，再加8mL TCA进一步研磨，匀浆在4 000r/min离心10min，上清液为样品提取液。吸取离心的上清液2mL，加入2mL 0.6%硫代巴比妥酸（TBA）溶液，混匀物于100℃水浴锅上反应15min，迅速冷却后再离心。取上清液测定532nm和600nm波长下的吸光度。MDA与TBA溶液生成红棕色的三甲川（3，5，5-三甲基恶唑-2，4-二酮），在532nm处有最大光吸收，在600nm处有最小光吸收。

计算公式：A532−A600=155 000×C×L

可算出MDA浓度C（μmol/L），进而算出单位重量鲜组织中MDA含量（μmol/g）。式中，A532和A600分别表示532nm和600nm波长处的吸光度值；L为比色杯厚度（cm）。

6.1.32 鲜味（肌苷酸，IMP）

按照国标GB/T 19676—2005所述高效液相色谱法测定肌苷酸含量。

肌苷酸（inosincacid，inosinemonphosphate，IMP）即次黄嘌呤核苷酸，是动物组织中重要的风味物质，其与畜禽肉类食品鲜味的产生密切相关，目前肌肉组织中肌苷酸含量被作为肉质评定的重要指标，已广泛应用于各种动物肉类产品的品质评定，其含量的高低可间接反映出肉类食品风味的优劣。

使用拉曼光谱[46]进行测定如下：

（1）测定肌苷酸标准品拉曼光谱　采用显微共焦拉曼光谱仪检测肌苷酸标准品拉曼谱图，设定激光波长633nm，激光功率为17mW，曝光时间为10s，扫描次数平均值为3次，采集得到肌苷酸标准品拉曼光谱，拉曼光谱范围为1 000 ～ 4 000cm。

（2）获取生鲜鸡肉样本拉曼光谱　活禽宰杀后，取鸡腿肉和鸡胸肉，采用切片机根据鸡肉纹理切取$1mm^3$厚薄均匀的鸡肉切片样本置于载玻片上，放置在显微拉曼光谱仪载物台后选择自动调节焦距调整显微拉曼激光探头，使样本位于探头正下方，多点采集样本测量点，设定激光输出功率为17mW，激光波长为633nm，曝光时间为10s，扫描次数平均值为3次，获取生鲜鸡肉拉曼光谱。

（3）利用化学法测定肌苷酸含量

样品制备：取出肉样，称重1.25g放入培养皿中，用剪刀将样品切下，放入匀浆管中，加入4mL 5%高氯酸溶液，匀浆3 ～ 5min，提取核苷酸，转移至10mL离心管，用1 ～ 2mL 5%高氯酸清洗匀浆管，倒入离心管中。在3 500r/min离心5min后，将上清液放入50mL烧杯中过滤。沉淀用2mL 5%高氯酸液进一步震荡5min后离心。将上清液过滤后与前一上清液合并。上清液分别用5mol/L和0.5mol/L氢氧化钠氧化，调pH至6.5后，移入25mL容量瓶中，用二次蒸馏水稀释至体积，摇匀后，用0.45μm滤膜过滤，用上清液进行高效液相色谱分析。在高效液相色谱系统（Waters 515，紫外和荧光检测器）中，使用Lichrosorb C18柱为内径8mm、柱长100mm、填料为C_{18}（粒度5μm）的不锈钢柱。洗脱液流量1mL/min，

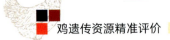
检测器波长254nm，进样量10μL。先注入标准液，从色谱图上得到标准液每一组分保留时间和峰面积。再注入样品液，得到各自峰面积。

样品浓度按公式计算：$C_i = C_s \times \dfrac{A_i}{A_s}$

式中：

C_i为样品中肌苷酸的含量（mg/mL）；

C_s为样品浓度（mg/mL）；

A_i为标样峰面积；

A_s为样品峰面积。

注：按照国标GB/T 19676—2005所述高效液相色谱法测定肌苷酸含量在2.81 ～ 3.50mg/g。

（4）**进行拉曼光谱校正** 在Reinshaw软件中去除样本拉曼谱线中宇宙射线无关谱峰及Baseline基线校正后，将同一切片样本不同采样点采集光谱以水的特征频谱作为内标进行校正由于同一切片采样微区含水量相等，则水的特征拉曼峰也应相等，由此校正由于光强不稳定及人工对焦差异等造成的光谱差异。

（5）**优选肌苷酸特征峰** 对比分析IMP标准品及鸡肉样本拉曼光谱，分析鸡肉拉曼光谱中IMP的拉曼光谱特征峰位置，通过对比得出比较明显匹配的拉曼峰。

（6）**计算特征拉曼峰面积** 将校正后的拉曼光谱在Matlab软件中经Savitzky-Golay平滑处理之后，针对优选后的拉曼特征峰通过积分求拉曼光谱图中相应曲线段的面积即为特征拉曼峰面积。

（7）**建立肌苷酸含量的检测模型** 利用特征拉曼峰面积对肌苷酸含量建立肌苷酸定量检测模型，利用预测值和真实值相关系数及校正集均方根误差评价检测模型的准确度。

6.1.33　硫胺素

根据国标GB/T 14751—2010《食品添加剂　维生素B1（盐酸硫胺）的测定》。

取约150mg实验室样品，精确至0.000 1g，加20mL冰乙酸，在微热水浴中超声溶解，稍冷，加5mL乙酸汞溶液，2滴喹哪啶红-亚甲蓝混合指示液，以高氯酸标准滴定溶液滴定至天蓝色，强烈振摇，30s不褪色为终点。并将滴定的结果用空白试验校正。

维生素B_1（盐酸硫胺，以$C_{12}H_{17}ClN_4OS \cdot HCl$计）的质量分数$w_1$，数值以%表示，按公式：

$$w_1 = \frac{(V-V_0) \times c \times M}{m \times (1-w_2) \times 1\,000} \times 100\%$$

式中：

V——样品消耗高氯酸标准滴定溶液的体积的数值（mL）；

V_0——空白试验消耗高氯酸标准滴定溶液的体积的数值（mL）；

C——高氯酸标准滴定溶液的实际浓度的数值（mol/L）；

M——实验室样品的质量的数值（g）；

w_2——测得的干燥减量的数值（%）；

M——维生素B_1（$1/2C_{12}H_{17}ClN_4OS \cdot HCl$）的摩尔质量的数值（g/mol）；

取平行测定结果的算术平均值为测定结果，两次平行测定结果的允许绝对差值在0.3%以内。

6.1.34 货架期

参照国标GB/T 16869—2005《鲜、冻禽产品》。

操作方式[47]如下：①将新鲜鸡大胸肉，无菌条件下切割成30g左右的小块（$n=3$），然后置于经紫外灯灭菌的吸塑托盘中，用PE塑料保鲜膜封口，分别置于0℃、5℃、10℃、15℃、20℃、25℃温度条件下贮藏。同时在恒温培养箱中放置纽扣式温度记录芯片记录温度波动情况。②在0℃、5℃、10℃、15℃、20℃、25℃条件下贮藏的样品的取样周期分别为48h、24h、12h、8h、6h、4h。每隔相应取样周期无菌操作，取相应的样品25g（$n=5$），无菌条件下用剪刀剪碎，加入225mL灭菌蒸馏水中，置于摇床上振荡30min。③按10倍递增稀释到所需稀释度，采用假单胞菌选择性培养基，置于30℃培养48h后，计数。④分别将在0℃、5℃、10℃、15℃、20℃、25℃贮藏的生鲜鸡肉得到的假单胞菌实验数据，用修正的Gompertz方程描述不同温度条件下的生长动态。

Gompertz方程为：

$$N(t) = N_0 + (N_{max} - N_0) \times \exp\{-\exp[\mu_{max} \times 2.718 / (N_{max} - N_0) \times (\lambda - t) + 1]\}$$

式中：

F——时间（h）；

$N(t)$——t时的菌数[1g（CFU/g）]；

N_{max}、N_0——分别为最大和初始菌数[1g（CFU/g）]；

μ_{max}——微生物生长的最大比生长速率／h^{-1}；

λ——微生物生长的延滞时间（h）。

生鲜鸡肉剩余货架期的计算公式：

$$sL=\lambda-[\ (N_{max}-N_0)\ /\mu_{max}\times 2.718]\times\{\ln[-\ln\ (N_s-N_0)\ /$$
$$(N_{max}-N_0)\ ]-1\}$$

6.2　一般抗性

在地方鸡种一般抗性评价指标方面，主要从免疫器官、细胞和分子三个层次，围绕特异性与非特异性免疫两大系统开展研究，包括淋巴细胞转化率、CD4、CD8标记的T细胞数量以及CD4 ：CD8的比例、IgG和IgM、免疫器官指数（胸腺、脾脏、法氏囊等绝对重量与鸡体重量比值）、血液指标（每毫升血液里红细胞，白细胞总数、T细胞、B细胞等总数）、细胞因子指标（炎性因子、趋化因子、干扰素等）、以及抗应激（抗逆）指标。不同品种的免疫性能可以根据单一的或其中几个抗性指标进行评价。

6.2.1　淋巴细胞转化率

淋巴细胞转化率的高低，可以反映机体的细胞免疫水平，因此，可作为测定机体免疫功能的指标之一。我们采用形态学方法进行淋巴细胞转化试验。T淋巴细胞在体外培养过程中受有丝分裂原如植物血凝素刺激后，转化为体积较大的母细胞，胞浆增多而深染，核增大并可见核仁裂，计数转化细胞的百分率可反映机体的细胞免疫功能。

测定方法：取无菌肝素抗凝血0.1mL，加入1.8mL细胞培养液（用前调至含小牛血清10%、青霉素100U/mL、链霉素μg/mL，用NaHCO$_3$调节pH至7.2～7.4）中，同时加入PHA（用RPMI 1640基础培养液配成1 000μg/mL）0.1mL，对照管不加PHA，将细胞置37℃、5% CO$_2$培养3d，每天摇动1次。

2 500r/min，离心10min后弃上清液，留0.2mL沉淀细胞制片，迅速吹干。吉姆萨染色10～20min，水洗，干燥。

由于大的细胞离心后居上层者较多，只吸上层细胞推片计数，结果易偏高。所以准确计数方法是在倒净上清后，残留与管壁的少量液体回流至管底后，用毛细滴管吹打将管内细胞打散，置1滴于玻片上，用毛细滴管前端刮片，均匀分布于全片，染色，按头、体、尾三段各1～2纵列（计数走向似城墙形）进行计数，以减少分布不均带来的误差，每片计数100～200个淋巴细胞。记录转化和未转化的淋巴细胞数，求出转化率。

6.2.2　CD4与CD8

测定方法：流式细胞法。

分离淋巴细胞之后，每种待测样品各取30μL后加入同一试管，混匀分成四小管，避光保存，作为实验对照。每个样品加入10μL染色液（鼠抗鸡的CD4，CD8），混匀，4℃避光30min。对照管（1、2、3）中分别加入0.5μLCD8，CD4，FIFC鼠IgG，PE鼠IgG，对照管中不加任何试剂。30min后，2 000r/min离心5min。弃上清，1％FBS加1mL，离心4min。弃上清，重复洗涤2～3次，加100～200mL PBS混匀，即可。用流式细胞仪检测单抗标记的CD4、CD8数量，CD4∶CD8的比例，T细胞总数等，以得到相应的数据和图片。

6.2.3　体液免疫水平

机体受到抗原刺激后，经过巨噬细胞等细胞加工处理，将其抗原信息传递给B淋巴细胞，B淋巴细胞经一系列转化成为浆细胞，浆细胞针对抗原特异性分泌特异性免疫球蛋白即抗体，这就是体液免疫的主要内容。免疫球蛋白有五种，如：IgG、IgM、IgA等。IgG主要存在血清中，占血清中Ig总量的75%，IgG有抗细菌、抗病毒和抗毒素的作用，主要由脾脏和淋巴结中的浆细胞合成。

测定方法：ELISA试剂盒（美国加利福尼亚RapidBio实验室）检测IgG和IgM（正常和抗病）。

6.2.4　免疫细胞指数

免疫细胞指数包括胸腺、脾脏、法氏囊的绝对重量与鸡体重量等。

先称取经高压灭菌指形管的重量，计为W_1，再将采取的胸腺、脾脏、法氏囊对应装入称量好的指形管中，再次称取重量，计为W_2；胸腺、脾脏、法氏囊的绝对重量等于相应的$W_2 - W_1$；鸡体重量可直接称取。

6.2.5　血液指标

血液指标包括每毫升血液里红细胞，白细胞总数、T细胞、B细胞总数。目前已具备全自动细胞分析仪，可进行自动细胞分类计数，但通常与显微镜检查并用。

红细胞计数血液一般检查包括血红蛋白测定、红细胞计数、白细胞计数及其分类；白细胞分类计数，在显微镜下按白细胞形态特征计算出各种白细胞的百分比；白细胞分类能反映白细胞在质量方面的变化；T细胞、B细胞总数用流式细胞仪即可得到。

6.2.6　细胞因子指标

干扰素（IFN）是一种广谱抗病毒剂，并不直接杀伤或抑制病毒，而主要是通过细胞表面受体作用使细胞产生抗病毒蛋白，从而抑制乙肝病毒的复制；同时还可增强自然杀伤细胞、巨噬细胞和T淋巴细胞的活力，从而起到免疫调节作用，并增强抗病毒能力。

测定方法：96孔培养板中加入不同稀释度的IFN和标准IFN，每个稀释度设3孔，每孔50μL，病毒对照不加IFN；每孔加入100mL 1.5 ~ 2×10⁵/mL Wish或HEP2细胞悬液，37℃、CO_2孵化箱培养6 ~ 12h，使细胞贴壁为单层；每孔加入50μL含100个TCID50的VSV，细胞对照不加病毒液。根据细胞病变状态，终止培养前3 ~ 4h加入5mg/mL MTT，15μL/孔；加入适量生理盐水，用滴管轻轻吹吸弃去悬浮病变细胞和死细胞。200μL/孔二甲亚砜（DMSO），作用10min。测波长570nm处的OD值，表示活细胞中含干扰素的量。也可用刚果红摄入法、结晶紫染色法测定IFN对活细胞的保护水平。

计算：以保护半数（50%）细胞免受病毒损害的最高干扰素稀释度为1个干扰素活性单位。也可从标准曲线中求得待测样品的IFN活性单位。

6.2.7 抗应激（抗逆）指标

（1）抗氧化指标

在禽类上常见的抗氧化指标[48, 49]包括超氧化物歧化酶（SOD）、谷胱甘肽过氧化物酶（GSH-Px）、过氧化氢酶（CAT）、总抗氧化能力（T-AOC）、丙二醛（MDA）等。

前四者测定方法相似：

无菌条件下采集肝脏，用冰冷的生理盐水漂洗，除去血液，滤纸拭干，准确称取肝脏重量，按重量（g）：体积（mL）=1 ： 9，的比例加入9倍体积的生理盐水，冰水浴条件下，采用高通量组织匀浆机进行匀浆，制备成10%的组织匀浆，2 500 r/min离心10min，取上清，加入工作液，37℃条件下水浴10min，将制备好的肝脏组织匀浆液用生理盐水按照一定比例稀释到最佳取样浓度，待测。

总超氧化物歧化酶（T-SOD）采用总超氧化物歧化酶（T-SOD）测试盒（羟胺法）测定波长550nm吸光度；谷胱甘肽过氧化物酶（GSH-Px）采用比色法测定412nm吸光度；过氧化氢酶（CAT）采用过氧化氢酶（CAT）检测试剂盒（钼酸铵显色法）测定405nm吸光度；总抗氧化能力（T-AOC）采用总抗氧化能力测定（还原铁法—FRAP法）进行测定。

丙二醛（MDA）测定详见6.1.29。

（2）应激激素/酶

皮质醇（Cortisol）采用鸡皮质醇（Cortisol）酶联免疫检测试剂盒的生物素双抗体夹心酶联免疫吸附法（ELISA）测定鸡血清Cortisol水平。①按照说明进行标准品的稀释。②根据代测样品数量加上标准品的数量决定所需的板条数。每个标准品和空白孔建议做复孔。③加样：A.空白孔，空白对照孔不加样品，生物素标记的抗CORTISOL抗体，链霉亲和素-HRP，只加显色剂A&B和终止液，其余各步操作相同；B.标准品孔：加入标准品50μL，链霉亲和素-HRP 50μL；C.代测样品孔：加入样本40μL，然后各加入抗CORTISOL抗体10μL、链霉亲和素-HRP 50μL，盖上封板膜，轻轻震荡混匀，37℃温育60min。④配液：将30倍浓缩洗涤液用蒸馏水30倍稀释后备用。⑤洗涤：小心揭掉封板膜，弃去液体，甩干，每孔加满洗涤液，静置30s后弃去，如此重复5次，拍干。⑥显色：每孔先加入显色剂A50μL，再加入显色剂B50μL，轻轻震荡混匀，37℃避光显色15min。⑦终止：每孔加终止液50μL，终止反应（此时蓝色立转黄色）。⑧测定：以空白空调零，450nm波长依序测量各孔的OD值。测定应在加终止液后10min以内进行。⑨根据标准品的浓度及对应的OD值计算出标准曲线的直线回归方程，再根据样品的OD值在回归方程上计算出对应的样品浓度。

皮质酮（CORT）　采用鸡皮质酮（CORT）酶联免疫检测试剂盒的双抗体夹心法测定标本中鸡皮质酮（CORT）水平。

检测方式同皮质醇检测相似，即用纯化的鸡皮质酮（CORT）抗体包被微孔板，制成固相抗体，往包被单抗的微孔中依次加入皮质酮（CORT），再与HRP标记的CORT抗体结合，形成抗体-抗原-酶标抗体复合物，经过彻底洗涤后加底物TMB显色。TMB在HRP酶的催化下转化成蓝色，并在酸的作用下转化成最终的黄色。颜色的深浅和样品中的皮质酮（CORT）呈正相关，用酶标仪在450nm波长下测定吸光度（OD值），通过标准曲线计算样品中鸡皮质酮（CORT）浓度。

脱氢表雄酮（DHEA）　采用气相色谱与串联质谱联用（GC-MS/MS）技术[50]，建立高灵敏度的测定大鼠血清中脱氢表雄酮（DHEA）的方法。

①血清样品收集与处理。将正常雄性大鼠分为两组，均进行摘除睾丸手术。对于其中一组在术后0h、2h、4h、8h和24h、2d、4d、7d、20d、30d及60d通过眼静脉丛采血2mL；另一组连续60d给予抗雄激素药物，在术后30d和60d通过眼静脉丛取血2mL。除术后1d内时间点，其余均在上午8点到10点完成采血。将全血放置室温1h，待全凝后在4℃、以6 000r/min离心取血清。于-80℃保存。

取200μL血清加入400μL甲醇，蜗旋1～2min，6 000r/min离心10min取上清。上清液加入0.5mL dd H$_2$O，上样前先用

1mL甲醇、1mL水、1mL50％甲醇水溶液处理活化过，HLB固相萃取小柱上，流速在1～2滴/s。然后依次用50％、70％和100％甲醇1mL进行洗脱。收集100％甲醇洗脱液。将收集的洗脱液于45℃下氮气吹干。用200μL无水丙酮复溶，加入20μL七氟丁酸酐进行衍生，于45℃下反应30min。反应完毕，用氮气吹干，再用200μL正己烷复溶。

② 气相色谱-质谱条件。Varian VF-5色谱柱（30m×0.25mm×0.25um），不分流进样，载气为He，流速1.0mL/min；进样口恒温280℃，自动进样，进样量1μL。柱始温95℃（6min）到10℃/min，再到280℃（6min）。

选择EI−MS/MS方法。母离子选择为在EI−MS模式下基峰270。扫描质量范围为185～275m/z，扫描时间0.60s，二级质谱轰击电压0.53V，灯丝电流80μA，电子倍增器200V。离子阱温度200℃，传输线温度270℃，电子倍增器温度40℃。

DHEA保留时间为23.85min；定性离子为255m/z、252m/z、242m/z、228m/z、212m/z、199m/z；定量离子选择为199m/z。以此测得正常大鼠血清DHEA浓度。

肌酸激酶（CK） 活性检测用肌酸激酶（CK）试剂盒说明进行。

分光光度计预热30min以上，调节波长至340nm，用蒸馏水调零。

按表中操作，在1mL比色皿中加入下列试剂

（μL）	空白管	测定管
样本	—	200
工作液	450	450

（续）

（μL）	空白管	测定管
H_2O	550	350

在1mL石英比色皿中分别加入上述试剂，充分混匀后于波长340nm处测定10s时的吸光值A_1，迅速置于37℃水浴3min，拿出迅速擦干测定190s时的吸光值A_2，计算ΔA测定管=A_2测定$-A_1$测定，ΔA空白管=A_2空白$-A_1$空白，ΔA=ΔA测定管$-\Delta A$空白管。（空白管只需做1～2次）

按血清体积200μL计算，37℃，pH7.0时，每毫升血清每分钟催化产生1nmol NADPH为一个酶活单位。按公式计算：

$$CK活性（U/mL）=\Delta A \div （\varepsilon \times d）\times V反总 \times 10^9 \div$$
$$V样 \div T=268 \times \Delta A$$

式中：

ε：NADPH的摩尔消光系数，6.22×10^3 L/[mol·cm]；

d：比色皿光径，1cm；

$V反总$：反应体系总体积，0.001L；

$V样$：反应体系中样本体积，0.2mL；

T：反应时间，3min；

10^9：单位换算系数，1mol=10^9nmol。

一氧化氮（NO） 采用鸡一氧化氮（NO）ELISA检测试剂盒进行活性检测。①待测样品孔中每孔加入待测样品100μL，每种样品设3个平行孔；设两个阴性对照孔，加入未处理组的细胞裂解液100μL；另设一个空白对照孔，加入纯细胞裂解液100μL。②酶标板置于4℃，包被过夜。③洗板：吸干孔内反应液，用洗涤液洗洗一遍（将洗涤液注满孔板后，即甩去），之后将洗涤液注满板孔，浸泡1～2min，间歇摇动。甩去孔内液体后在吸水纸上拍干。重复洗涤3～4次。

④阴性对照孔每孔加入PBS 50μL，样品孔及空白孔每孔加入
1：500稀释的兔抗人AIF抗体工作液50μL。⑤酶标板置于
37℃培养箱的湿盒内，孵育60min。洗板，同④。⑥每孔加
1：5 000稀释的HRP-标记的山羊抗兔抗体工作液100μL。
⑦酶标板置于37℃培养箱的湿盒内，孵育60min。洗板，同
④。⑧每孔加TMB显色液100μL，轻轻混匀10s，置37℃暗
处反应15～20min。⑨每孔加100μL 2mol/L H_2SO_4终止反应。
⑩分别测波长450nm吸光值W_1和波长630nm吸光值W_2，最
终测得的OD值为两者之差（W_1-W_2），以减少由容器上的划
痕或指印等造成的光干扰。⑪数据处理：在得出标本（S）和
阴性对照（N）的OD值后，计算S/N值。S/N≥2.1为阳性判
定标准。

应激蛋白　鸡只遇到应激刺激如缺氧、缺血、冷应激、
热应激、创伤、感染等都可诱导热应激蛋白[51, 52]的表达。
热应激蛋白家族可分为HSP110、HSP90、HSP70、HSP60、
HSP47和小分子HSP，其中HSP90在细胞发生应激反应时，
可以和由于环境刺激而使自身构象发挥正常功能的蛋白质相
互作用，从而维持细胞的正常活性。

测定用鸡热休克蛋白90（HSP90）检测试剂盒：用纯
化的抗体包被微孔板，制成固相载体，往包被抗该指标抗体
的微孔中依次加入标本或标准品、生物素化的抗该指标抗
体、HRP标记的亲和素，经过彻底洗涤后用底物TMB显色。
TMB在过氧化物酶的催化下转化成蓝色，并在酸的作用下
转化成乙终的黄色。颜色的深浅和样品中的该指标呈正相
关。用酶标仪在450nm波长下测定吸光度（OD值），计算样
品浓度。

6.3 H/L值

采血时立即做血涂片，改良瑞氏染色法染色[7]；镜检；按照Campo等[8]方法进行异嗜性粒细胞（H）、淋巴细胞和单核细胞（L）分类计数。

7 现代智能化测定技术

针对肌肉品质、胴体品质、饲料报酬、繁殖效率等重要经济性状，存在的活体难以度量、测定成本高等问题，利用光学影像、传感器、图像识别和智能物联网技术等，精准测定和多维度解析品质和效率性状的新的表型组成。建立集精准测定、数据自动化采集与远程传输为一体的技术体系。

7.1 肉鸡个体精确饲喂与称重

肉鸡个体精准饲喂系统[53]是实现肉鸡个体采食智能化、自动化测定、个体自动识别、精准饲喂、个体采食量自动数据采集、数据处理为一体的科学饲喂系统。该系统以计算机为信息管理平台，运用超高频RFID识别技术及STM32微处理器，设计了根据肉鸡个体需求信息进行精确投料的控制系统及机械结构装置。实现了肉鸡精确饲喂中的智能识别、信息传输、自动存储及精确给料。系统性能测试结果表明，RFID个体识别率达到100%，且下料具有较好的精度和较小的误差。可为研究鸡的采食行为特点提供智能化的数据采集平台，测定的数据通过计算机系统可长期保存，便于数据量的积累和开展种鸡选育的大数据挖掘分析。

7.1.1 肉鸡个体精确称重

坚持"七同时",同一天的同一时间(限饲日或喂料后4～6h)、同一地点、同一人、同一衡器、同一精度、同一秤重比例进行精确称重,称重传感器将肉鸡个体的体重数据远程传输给计算机。

7.1.2 电子标签(RFID)个体识别系统

RFID具有唯一的ID码,广泛用于识别禽类、种禽繁育、饲养、疫情防控、检疫等对动物、禽类的信息化管理及其跟踪等,追溯跟踪时只需要一台超高频读卡器,便可标识并记录肉鸡个体信息,把DNA生物信息与RFID信息系统化,建立谱系遗传跟踪与追溯模型,就可大幅提高生产效率,有效降低疾病与疫情的爆发,使损失降到最低。

RFID由标签、读写器、天线和数据采集4部分组成,标签由耦合元件及芯片组成,每个标签具有唯一的电子编码,高容量RFID有用户可写入的存储空间,附着在物体上标识目标对象。手持或固定式读写器是读取(有时还可以写入)标签信息的设备,天线则在标签和读写器间传递射频信号。标签进入读写器发出的磁场后,接收读写器发出的射频信号,凭借感应电流所获得的能量发送出存储在芯片中的产品信息(无源标签或被动标签),或者主动发送某一频率的信号(有源标签或主动标签);读写器读取信息并解码后,送至系统的信息处理中心进行有关数据处理。读写器与天线安装在喂料行车上,标签采用抗金属标签,黏贴在笼子上方的铁片上,可以每4只鸡作为1组共用1个标签,在软件系统里对不同位置的鸡只进行标识,读写器通过RS485方式连接到数据采集控制器。

　　RFID个体识别系统的操作方式：①RFID初始化使用前先建立RFID电子标签档案（一物对一码），养殖场地初次安装首先设置好固定的信息（比如出生日期、阉割日期、出雏日期等），然后逐个扫码并拍照，统一储存，再批量导入数据。②中心养殖场日常采集：选择采集信息类别，然后建立单据，开始逐个扫码，采集以及输入内容。③养殖出笼：移交养殖出笼时对RFID进行标记，打开二维码保护套，出笼后主要通过二维码来识别。④数据中心：养殖场初次安装信息和养殖场日常采集以及养殖出笼移交的信息都在数据中心中。使用RFID手持机，通过读卡器将电子标签携带的个体ID信息远程传输给计算机，实现同步功能上传数据，实现统一调度、查询、报表以及数据分析的功能，为客户验证提供数据基础。⑤顾客二维码识别：顾客用自己的手机扫描脚环或耳标上的二维码，可以显示对应的验证信息客户完成了二维码识别这一过程基本就结束了整个追溯的过程，客户能清楚地看到"它"的身份信息。

7.1.3　肉鸡个体识别

　　为了保证行车读写到需要的电子标签，但是，同时检测不到相邻标签，实现种鸡个体识别，该系统需要调节天线的功率，使得在标签距离天线大约15cm的范围内仍然可以100%读取到正确标签值。试验以2dBm的增量进行测试，测试范围0～31.5dBm，直到找到1个可以满足上述要求的功率值，最终选择28dBm作为精准饲喂天线的功率来进行肉鸡个体识别性能测定。

7.1.4 肉鸡个体精准饲喂系统

智能饲喂系统主要由上位机和下位机两部分组成。上位机由计算机组成,采用组态可视化界面进行人机交互,具备专家管理系统功能。下位机为智能饲喂子系统,主要由电子耳标读取设备、称重饲喂装置和其他硬件驱动设备组成,种鸡个体饲喂系统工作原理如图7-1所示。

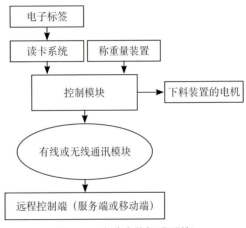

图 7-1 肉鸡个体饲喂系统

精准饲喂系统根据终端获取的数据和管理人员设定的数据计算出个体日采食量、日增重等数值,再根据个体饲料转化率精确分量分时间进行个体投料。即在快速加料过程中,当达到每只肉鸡所设定的饲喂量时,称重传感器给出停止给料信号,信号传输到自动控制系统,通过执行元件使交流电动机停止。鸡笼每侧为阶梯安装,分为2层,设备沿着鸡笼安装方向运动,在每个鸡位能准确停止,设备上装有接近开关,在导轨上有停止位挡块,车的速度可调,通过PLCD/A

输出，控制调速器进行速度调节，是一个闭环控制系统。每个食槽由设计好的型材制成。称重传感器机构插到食槽底部，由直线电机将食槽托起，到位后，在配合投料完成后，直流电机将其放下，投料完成。当投料结束后，喂料机器继续前进，进行下一只肉鸡的识别、定位及饲喂。整排饲喂结束后，将饲喂机器置于初始喂料状态，加好饲料准备下一次喂料。工作流程图如图7-2所示。

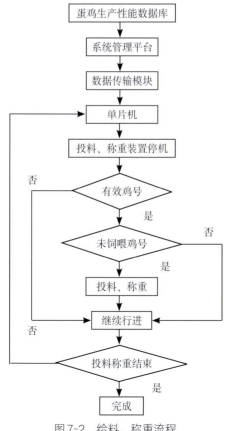

图7-2　给料、称重流程

7.2　活体表型精准测定

采用超声波、X射线、CT等仪器设备，针对肌肉厚度、脂肪含量、皮脂厚、内脏指数等表型进行活体测定，避免屠宰后带来的胴体损失和误差。

7.2.1　肌肉厚度

肌肉厚度即肌肉表皮筋膜和深筋膜之间的距离（cm）。早前人工检测肌肉厚度需要在超声图像进行手动标记，依赖操作者主观经验，可重复性且处理图像耗时耗力；目前采用流光技术在超声图像中进行肌肉厚度自动测量的方法，引用流光跟踪表层和深层的肌筋膜，依照肌肉筋膜与测量位置之间的几何关系计算肌肉厚度（图7-3）。

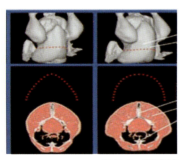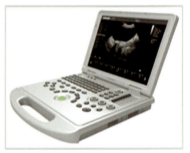

图7-3　超声波测量肌肉厚度示意

测量方法[54]是：①采用滑行探测法将探头和所测部位用GD-2型医用耦合剂涂布，选用5.0MHz线阵探头。②手持探头使其与龙骨垂直，先将其放于龙骨头端，并缓慢向后滑行，观察荧光屏上显示的B超声图像。③当图像上第一次出现

"V"字形亮白带时冻结图像，测量图像上方亮白线（胸肌表层肌膜）与"V"字形最低点（龙骨凹底）之间的垂直距离，所得的数值即为胸肌在此处的厚度，左右两侧的胸肌厚度均按此法进行（X左和X右）。

7.2.2 脂肪含量

采用超声波技术[55]测定鸡腹部脂肪含量（图7-4）。测定方法如下：①选定个体称重并消毒：对待测个体进行观察，称重，记录数据，并喷洒消毒液。②清除腹部测定区域羽毛：选定腹部待测区域，湿润羽毛，用剪刀轻轻剪除羽毛；超声波仪器测定并采集图像数据：将待测个体腹部朝上固定于操作台上，用超声波探头扫描测定腹部，保存图像及数据。③分析数据：使用上一步所得的图像数据进行对比分析，比较表型差异个体的图像特征及数值大小。对所得的图像数据进行统计分析，剔除离群值和含有离群值的个体。

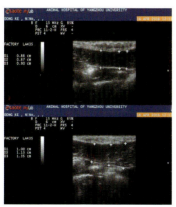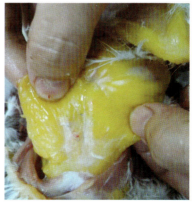

图7-4　超声波测量腹部脂肪示意

7.2.3 皮脂厚

使用便携B超测量仪测定[56]皮脂厚能够在保证动物躯体完整的情况下迅速测量机体组分，并且提供直观图像结果，测定步骤为：①照射步骤：用中心波长互不相同的多种光照射生物体的表面。②光接收步骤：接收从照射的生物体表面射出的多个波长的光；测量多种光的各自的接收光量。③计算步骤：在皮下脂肪内的血液浓度互不相同的情况下，使用皮下脂肪厚度与中心波长互不相同的多种光的接收光量之间的对应关系，依据通过光接收步骤测量得到的多种光的各自的接收光量、计算出生物体的皮下脂肪厚度。

7.2.4 内脏指数

测量采用声脉冲放射法或透析法[57]。使用探测器械在活体测量时，为了保持实验动物被测脏器处于原有自然状态和位置且不受损伤。整个探测器械由夹具、小型换能器、反射器、锁紧螺母等组成。换能器和反射器紧贴于被测脏器的两侧，发射，接收或反射声脉冲。发射换能器和接收换能器或发射换能器和反射器之间的距离已按要求事先精确地调好并锁紧。探测器械由取送钳通过手术切口送入被测动物体内。测出声脉冲在某一脏器中传播所需声时值T和量出被测脏器的厚度值d，代入公式：

$$C = \frac{2d}{T} \text{ 或 } C = \frac{d}{T}$$

即可求得声速C。

测量方式为：

将实验动物缚于手术台上，用硫喷妥钠溶液通过耳静脉或腹腔静脉进行麻醉，手术切口在5～6cm之间。由于探测器械轻小，它可随活体的呼吸节奏而同步移动。在测量过程中采用微电脑对声时值进行自动采集并与先输入的厚度数据进行运算，打印。整个测量过程只需约3min。这些实验的活体动物在术后仍健壮地成活，直至被宰。

7.2.5　睾丸横切面周长

其测定方式是B超活体检测[54]：①先手持探头使其与龙骨右侧平行，紧贴皮肤进行扫描。②先找到心脏再向龙骨后方缓慢滑行至出现肝尖，稍微左右移动探头或改变探头扫描的角度，以取得不同的切面。③仔细观察图像，当图像上肝尖边缘明显，且其下方有1密度均匀包膜清晰的组织切面时冻结图像。④用B超测量出该切面的周长与面积，即为右侧睾丸头端横切面的周长（X）与面积。

7.3　活体生理生化指标精准测定

采用穿戴式体温传感器、穿戴式自动计步器、图像识别等方法，针对个体体温、步数、鸡群采食频率等表型进行测定；采用光电传感器、血糖试纸、生化分析仪、ELISA等方法，测定个体血氧、血红蛋白、血糖、血脂含量等健康状况以及IL-1、IFN等抗逆性状指标。

7.3.1　血氧饱和度

使用反射性血氧饱和度监测仪[58]进行血氧饱和度的测定。

测定方式：①在实验动物耳缘静脉注射肝素，使全身肝素化。②静吸复合麻醉，气管插管辅助呼吸，建立体外循环。体外循环管路动脉端连接血液导管检测动脉血，探头座固定于血液导管上，给以不同浓度的氧气和氮气的混合气体。③测定不同氧浓度时的血氧饱和度，同时记录反射式血氧饱和度监测仪及串联的临床一般饱和度仪的动脉血氧饱和度数值。

注意：应使整个试验过程中其他指标均保持恒定。

7.3.2 血红蛋白

使用沙利氏血红蛋白计进行血红蛋白的测定。

测定方式：①鸡只取血前做好充分的消毒，血液要准确吸取20μL，若有气泡或血液被吸入采血管的乳胶头中，都应将吸管洗涤干净，重新吸血。洗涤方法是：先用清水将血迹洗去，然后再依次吸取蒸馏水、99%酒精、乙醚洗涤采血管1～2次，使采血管内干净、干燥。②用滴管加5～6滴，0.1mol/L HCl到刻度管内（约加到管下方刻度"2"或10%处）。用微量采血管吸血至20μL（方法同上述），仔细揩去吸管外的血液。将吸血管中的血液轻轻吹到比色管的底部，再吸上清液洗吸管3次。操作时勿产生气泡，以免影响比色。③用细玻璃棒轻轻搅动，使血液与盐酸充分混合，静置10min，使管内的盐酸和血红蛋白完全作用，形成棕色的高铁血红蛋白。把比色管插入标准比色箱两色柱中央的空格中。使无刻度的两面位于空格的前后方向，便于透光和比色。④用滴管向比色管内逐滴加入蒸馏水，并不断搅匀，边滴边观察、边对着自然光进行比色，直到溶液的颜色与标准比色板的颜色一致为止。⑤读出管内液体面所在克数，即是每100mL血中所含的血红蛋白的克数，换算成每升血液中含血红蛋白克数（g/L）。

注意：比色前，应将玻璃棒抽出来，其上面的液体应沥干，读数应以溶液凹面最低处相一致的刻度为准。

7.3.3 血糖、血脂含量

使用血糖测试仪、血脂测试仪（可对总胆固醇、甘油三酯、高密度脂蛋白同时准确检测）进行血糖、血脂含量的测定。

测定方式是：①直接按电源开关start打开电源。②显示插入校准卡，屏幕会显示校准卡片相对应的检测项目名称和测试条的生产批号，将测试纸正面朝上插入到测试仪的进样槽。③用酒精棉球在鸡只需要取血的翅膀处进行擦拭消毒后，用采血笔戳破翅膀处皮肤，用干的酒精棉球蘸取前端血液弃掉，然后用测试纸吸血前端吸取适量的血液，重新用棉签堵住出血处做止血工作。④等待1～2min，血糖仪、血脂仪显示出结果，并自动储存好检测结果。

7.4 体尺外貌表型精准测定

使用手持式三维结构光扫描仪（图7-5），通过3D扫描技术和机器学习建模的方法精确采集个体体型、体尺、鸡冠面积等外观性状和包装性状。

图7-5　三维信息扫描平台

采用手持红外光扫描仪，设备采用结构光3D扫描技术，可投射出一种由过滤器形成的光，将不可见（红外）光投射到环境中，从而获取场景的深度。投射出的具有明显标记的红外光从现场表面反射，然后被彩色和深度相机接收。近红外线（NIR）传感器，略微偏移于模式投射器，检查出模式的形状并计算视场中每一个点的距离。由此可以收集到鸡个体体型、体尺、鸡冠面积、羽毛等表型性状。

7.5　胴体性状精准测定

利用热成像、图像识别、X射线及三维点云生成技术，开发智能图像识别系统检测毛孔密度、毛净度、瘀斑、皮炎率、肉色（红度、黄度、亮度）等胴体性状，通过主成分分析建立胴体指标综合评价模型，综合评价胴体品质（图7-6）。

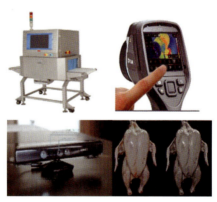

图7-6　智能图像采集平台

7.5.1　毛孔密度

用伊丽美皮肤分析仪[59]测量鸡背、腹部相同部位单个毛孔的直径，同时在每个部位统计一元硬币大小面积内的毛孔数，每个部位取3个测试点。

7.5.2 毛净度

参照国标GB/T 19478—2018《畜禽屠宰操作规程 鸡》操作。

操作步骤：①鸡只致昏后立即宰杀，割断颈动脉和颈静脉，保证3~5min有效沥血；烫锅人员需提前一小时放好烫锅水，根据鸡体大小把温度控制在58~62℃。②进水采用流动水，且流水方向与鸡只流向相反，保持水清洁，保证每只鸡用水量为1.5L，浸烫时间为1~2min。③鸡体出烫锅后经打毛机去毛后在冲洗，随后又摘毛人员去除残留余毛，要求鸡体感官清洁，无浮皮，无杂毛。毛净率即鸡只屠宰去毛洗净后的重量占毛鸡重的百分比。

7.5.3 瘀斑

鸡只出现瘀斑的原因可能是由于外力导致鸡皮肤会出现深紫色的瘀斑，较严重的撞伤可能出现血肿；也可能是由于疾病（如流行性出血热、血小板减少性紫癜、脑脊髓膜炎、急性白血病等）引起的鸡皮肤、口腔黏膜、胸背、腋下甚至全身出现大小不等的瘀斑或出血点，程度轻重不一。

7.5.4 皮炎率

为了评估足皮炎程度[60]，在生长的第5d、19d、29d和40d观察30只肉鸡（进风口、房子中央、进风口各10只），并进行评分。记录每个样本脚垫表面的温度，以评估损伤和炎症的程度。红外摄像机位于距离目标1米的位置，采用的皮肤发射率为0.95，对于垃圾为0.91。使用0到3的等级视觉评估足皮炎的程度：0=无病变；1=鸡只足部皮炎面积小于

50％；2= 皮炎面积为足部 50％～ 100％的肉鸡；3=100％的足部区域有皮炎的肉鸡。整理来自环境的数据，并比较平均值。使用热成像软件生成的图像中每个足垫中随机选择的五个点来评估肉鸡足部表面温度，去除最大值和最小值。使用 95％置信水平的 t- 检验和比较平均值。

足癣的程度、年龄和脚表面温度之间的相互作用通过采用 95％置信水平的 Kruskal-Wallis 试验进行测试。使用 Minitab® v.1.5 软件进行统计计算。

7.5.5　肉色检测

基于计算机视觉技术对禽肉肉色[61]进行分级，其主要工作内容包括三部分禽肉肉色的人工感官分级、可见光图像采集系统的搭建和图像识别。

7.5.5.1　禽肉肉色等级评定

根据肉色板颜色由浅至深依次给定分数来评定禽肉颜色：对于鸡肉，粉白色 =1 分，深粉色 =2 分，红黄色 =3 分，黄色 =4 分，灰色 =5 分；由 5 位专业评审人员参照肉色板，各自对禽肉样本进行打分，评分时依次给 1、2、3、4、5 分，然后将每一个样本的评分结果取均值，按照级别评定标准进行禽肉样本的主观评定。评定标准为：1 级肉色均值＜ 1.5，2 级肉色均值≥ 1.5 ～＜ 2.5，3 级肉色均值≥ 2.5 ～＜ 3.5，4 级肉色均值≥ 3.5 ～＜ 4.5，5 级肉色均值≥ 4.5。

7.5.5.2　可见光图像采集系统的搭建

可见光图像采集系统主要由 CCD 摄像头、图像采集卡、光源、计算机和一套输出装置等部件组成，可见光图像采集系统如图 7-7 所示。

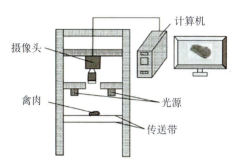

图7-7 可见光图像采集系统示意

7.5.5.3 图像识别

图像识别是利用计算机和光学系统来识别计算机"看到"的图像信息，模拟人的视觉，其目的在于用计算机自动处理某些信息系统，以代替人去完成图像分类及辨识的任务。"图像"包含的内容极为广泛，主要可以概括为两个类型，一是有直觉形象的——图片、相片、图案、文字图样等；二是无直觉形象而只有数据或信号的波形——语言、声音、心电图、地震波等。对图像识别来说，无论是数据、图片或信号，甚至物体，都是除掉与它们各不相同的物理内容，考虑对它们进行"分类"这一共性来研究的，针对这一共性，以统一的观点把有同一种共性者归为一类，有另一种共性者归为另一类。图像识别过程主要包括图像获取、数字图像处理、图像特征提取以及分类器设计，如图7-8所示。

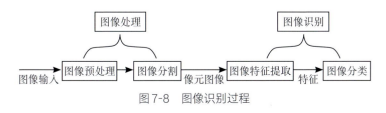

图7-8 图像识别过程

操作步骤：①将禽肉样本放入可见光图像采集系统光箱内，应用图像采集卡自带软件MultiCam Studio拍摄样本图片（分辨率为768×567），并标号存入电脑。②采用过阈值分割方法提取肉色有效判别区域，可以有效地从复杂的背景下把禽肉样本提取出来，如果阈值选得过小，一些禽肉样品将被误分为背景，但如果取得太大，则会将一些背景转换成样品，造成目标区的特征失真，形成错误分割。③通过对每个样本进行R分量直方图的分析，发现阈值取为160时可在保证有效消除背景的情况下，最大限度地提取出感兴趣区域。

鉴于很难手工去除较大面积的禽肉样本胸脯肉表面附着的肌膜，为了消除肌膜的影响，其阈值取的偏小（150或155）。这样图像背景、白色脂肪以及肌膜都可以较好被消除。

肉色特征参数为L*分量均值、a*分量均值、b*分量均值。由于采集的禽肉样本图像属于RGB颜色空间，因此需将RGB颜色空间转换为CIELAB颜色空间。CIE在RGB系统基础上，改用三个假想的原色X、Y、Z建立了一个新的色度系统。它们包含了人眼所能辨别的全部颜色。通过完成颜色空间的转换便可提取出肉色的三个特征参数：L*、a*和b*。

禽肉肉色分类器的工作原理是根据提取的特征值，利用模式识别的方法进行分类，确定类别名称，从而解释图像的重要信息。这一过程输入是特征信息，输出是类别名称。选取模糊K-近邻法和支持向量机两种方法进行对比分析以建立禽肉肉色特征参数与肉色等级之间的关系。

7.6　冰鲜鸡新鲜程度和风味精准测定

了解货架期冰鲜鸡肉的新鲜程度和肌肉风味状况，经感官检测、理化指标检测，同时结合快速检测新技术电子鼻和电子舌快速区分不同保存时间和不同组分的冰鲜鸡肉，更加全面、快速地检测了保存期间鸡肉新鲜度和鸡肉风味的变化情况，并对其进行量化。

参照国标GB 16869—2005《鲜、冻禽产品》及地标DB13/T 1210—2010《禽类屠宰检疫技术规范》进行操作。

7.6.1　电子鼻

采用德国AIRSENSE公司产的PEN3型电子鼻[62]，其系统传感器阵列由10个不同的金属氧化物传感器，分别为W1C、W5S、W3C、W6S、W5C、W1S、W1W、W2S、W2W和W3S，各传感器性能描述如下表所示。

采用直接顶空吸气法；将进样针头直接插入含样品的密封杯中，进行测定：采样时间为1s/组；传感器自清洗时间为100s；传感器归零时间为10s；样品准备时间为5s；进样流量为400mL/min；分析采样时间为60s。

表7-1　电子鼻系统传感器性能描述

阵列序号	传感器名称	性能描述
1	W1C	对芳香成分灵敏
2	W5S	对氮氧化物很灵敏
3	W3C	对氨水，芳香成分灵敏
4	W6S	主要对氢气有选择性
5	W5C	对烷烃、芳香成分灵敏
6	W1S	对短链烷烃灵敏
7	W1W	对硫化物灵敏
8	W2S	对乙醇灵敏
9	W2W	对芳香成分和有机硫化物灵敏
10	W3S	对烷烃灵敏

7.6.2　电子舌

采用SA402B型味觉分析系统[62]进行测定。①样品处理：将样品剪成1cm³的正方体小块，每组三个个体样品相互混合，用万能破碎仪搅成肉泥，40℃水浴至中心温度达到该温度。称取30g肉泥与4倍体积40℃的蒸馏水混合1min，3 000r/min离心3min，取上清进行测试。②样品测定：参比溶液（人工唾液）为KCl＋酒石酸；正极清洗液为水＋乙醇＋HCl；负极清洗液为KCl＋水＋乙醇＋KOH。每次试验前先检查一下传感器，确保其运行稳定。每个测量周期包括：参比溶液测量（测量值为Vr），样液测量（测量值Vs），清洗两次（每次3s），回味测量（测量值Vr'），最后清洗330s。每个样品测量4次。最终传感器输出的味觉数值R＝Vs−Vr，回味值CPA（change of membrane potential caused by adsorption）＝Vr'−Vr。以基准溶液的输出结果"0"（除了酸味和咸味）为标准，将大于无味点的味觉项目作为评价对象。

7.7　血型系统精准测定

采用遗传标记性状（红细胞抗原）和微卫星等方法精准测定黄羽肉鸡的14种血型。包括A、B、C、D、E、H、I、J、K、L、P、R、H1、Th。利用遗传标记性状（红细胞抗原）对鸡种资源进行系统研究，从鸡翅下静脉采集肝素抗凝血1mL，以0.85%生理盐水洗涤三次，配制2%红血球悬液，抗血清根据效价作一定倍数稀释。然后取血球和血清各一滴在室温下进行平板凝集反应。根据所得结果，计算血型因子分布频率、血型基因纯合系数、群体间遗传距离、并进行其他一些项目分析，对各鸡群的遗传相似关系作出判断。

其测定方法[63]如下：①根据 GenBank 中 MHC 基因序列，设计两对 PCR 引物，每对上游引物分别用荧光染料进行标记，判定狼山鸡 MHC 基因的两个座位 MHC-Ⅰ和 MHC-Ⅳ遗传多态性，根据微卫星位点 MCW0371 和 LEI0258 的等位基因片段大小进行血型初步判定，片段大小分别为 261 和 206，为 B2 血型。②选取血型初步判定为 B2 的个体，采集个体新鲜血液，酚/氯仿法提取 DNA。③扩增和检测：进行 PCR 扩增，变性液处理后经 10% 聚丙烯酰胺电泳检测，银染并初步判型。④送测：使用 ABI-3730XL DNA Analyzer 全自动测序仪对荧光 PCR 产物进行检测。⑤个体基因型的判别及处理：电泳结束后，GeneMapper4.0 软件自动生成独立的图谱文件并读出片段长度大小，峰值大小，峰面积大小，同时判断纯合子（单峰）或杂合子（双峰），最后导出生成 Excel 数据表格。⑥同种免疫：根据荧光标记分型结果，片段大小分别为 261（MCW0371）和 206（LEI0258），则为 B2 血型，以 B2 血型个体为供体，采集血液，抗凝处理后 1 200r/min 离心 10min，去上清，用 PBS 洗红血球 3 次，制成免疫用红血球，采集 22mL 注射非 B2 血型个体（受体 1）翅静脉，7 天后再注射 1 次，13 天后采集受体 1 个体的抗凝血 10mL，1 200r/min 离心 20min 获得上清，初步得到抗 B2 血清。⑦纯化血清：采集非 B2 血型与受体 1 不同血型的个体血液，与初步得到的抗 B2 血清等体积混合，30° 10min，1 200r/min 离心 10min 后，采集上清，获得纯化抗 B2 血清。⑧判断血型：使用平板红血球凝集试验，采集血液，1 200r/min 离心 10min，去上清，用 PBS 制成 2% 的红血球悬液，后与等体积抗血清混合，阴性对照加入 PBS，室温下静止 30min 后观察红血球凝集状态，红血球凝集，下沉呈网状，则判定为阳性（B2 血型），如无凝集，红细胞呈点状分布，则为阴性。

8 鸡品种鉴别

我国鸡遗传资源丰富，普遍存在资源混杂和基因交流频繁的现象，容易导致珍惜种质资源的流失与灭绝。因此，有必要开展品种特异性鉴定，传统的品种鉴定方法是依据动物群体的形态学、生化及分子标记等。形态学鉴定是指动物品种具有的外貌特征，但是有许多动物品种仅仅依据外貌特征，无法辨别出是哪个品种，是纯系还是杂系。分子标记是依据蛋白质、核酸分子的突变来鉴定，这种标记分布广泛，多态性高，受环境影响较小，是目前进行品种鉴定过程中比较常用一种标记形式。

8.1 基于微卫星位点的品种鉴别方法

基于微卫星位点的品种鉴别方法如下：①挑选用于品种鉴别的中国地方鸡品种，每个品种30只（公母各半）。②提取基因组DNA，使用NANODROP ND-1000核酸分析仪检测DNA的质量与浓度，并将DNA母液分装稀释至50ng/μL备用。③利用国际上公用的30对鸡微卫星引物[64]，进行PCR扩增。④针对所有的扩增产物进行STR分型检测，使用GeneMapper4.0软件针对STR分型结果进行统计分析。⑤将每个微卫星位点检测出的基因型排列赋值，构建等位基因型库。每个地方鸡品种所具有的特有等位基因型均不相同，可以利用每个品种的特有等位基因型进行品种鉴别。

8.2 基于基因组结构变异的品种鉴别方法

　　基于基因组结构变异的品种鉴别方法如下：①挑选用于品种鉴别的中国地方鸡品种，每个品种10只（公母各半）。②提取基因组DNA，使用NANODROP ND-1000核酸分析仪检测DNA的质量与浓度，并将DNA母液分装稀释至50ng/μL备用。③利用全基因组重测序的方法，进行高通量测序（10X）。④利用生物信息学分析，检测基因组结构变异（SNP、CNV和InDel），建立检测品种的基因组数据库。⑤针对检测到的基因组结构变异做质控和过滤，进行群体统计分析，做PCA、Fst等分析，确定群体整体分化情况。⑥根据群体SNP、CNV和InDel统计结果，分组筛选出同品种一致位点和不同品种差异位点。⑦筛选出品种中对应高频位点和差异位点，作为鉴定模型候选位点。⑧构建筛选和鉴定模型，进行交叉检验验证模型。⑨根据筛选结果进行位点验证：例如qPCR等方法，一是验证位点是否真实存在，二是验证筛选位点和鉴定的准确性。⑩根据验证情况矫正鉴定位点和模型，用于品种鉴别。

主要参考文献 ■■■

[1] 王克华, 窦套存, 高玉时, 等. 如皋鸡生长发育规律和体尺性状研究 [J]. 中国畜牧兽医, 2007 (6)：40-43.

[2] 王克华, 隐性白羽鸡的种质特性与利用研究 [D]. 扬州：扬州大学, 2006.

[3] 吴强, 广西四种地方鸡屠体、体尺和蛋品质性状比较研究 [D]. 南京：广西大学, 2020.

[4] 家禽生产性能名词术语和度量统计方法 [S]. 2004, 农业标准. p. 10p：A4.

[5] 于萍, CZ-SPF鸡解剖、生理和生化数据的采集与分析 [D]. 哈尔滨：哈尔滨师范大学, 2016.

[6] 韩凌霞, 刘霄磊, 蔡文博, 等. HBK-SPF鸭生理生化指标的测定 [J]. 实验动物科学, 2011. 28 (2)：44-46.

[7] 赵丽丽. HJD-SPF鸭生理生化以及解剖数据的采集与分析 [D]. 哈尔滨：哈尔滨师范大学, 2019.

[8] 钱建中, 段修军, 卞友庆, 等. 不同性别黑羽番鸭屠宰性能、常规肉品质分析 [J]. 江苏农业科学, 2014, 42 (2)：164-166.

[9] 冷超, 韩凌霞, 于海波, 等. 不同周龄BWEL-SPF种鸡生理生化指标的测定 [J]. 中国比较医学杂志, 2007 (12)：697-701.

[10] 赵丽丽, 文辉强, 韩凌霞, 等. 不同周龄雌雄SJ5-SPF鸡生理常数及血液生化指标的测定与分析 [J]. 中国比较医学杂志, 2018. 28 (6)：59-64.

[11] 王麒淋, 李沫沫, 郭爱伟, 等. 独龙鸡血液生理生化指标分析 [J]. 动物医学进展, 2020, 41 (11)：90-95.

[12] 王元林, 林其騄, 程端仪, 等. 江苏高邮鸭若干生理生化指标的测定 [J]. 中国家禽, 1987, 9 (3)：23-25.

[13] 邵卫星, 彭大新, 卢建红, 等. 鸡的7种细胞因子的一些分子生物学特性 [J]. 动物医学进展, 2004 (4) : 11-15.

[14] 龚婷, 鸡IL-2cDNA及其去信号肽cDNA的原核和酵母表达研究 [D]. 兰州: 甘肃农业大学, 2008.

[15] R S, S. A cloned chicken lymphokine homologous to both mammalian IL-2 and IL-15[J]. Journal of immunology, 1997, 159 (2) : 720-725.

[16] 张向乐, 孟春春, 仇旭升, 等. 抗鸡 β 干扰素单克隆抗体的制备及初步鉴定 [J]. 中国动物传染病学报, 2013, 21 (2) : 14-19.

[17] Yu, S.X., H. Datta, A.and et al. Galactose residues on the lipooligosaccharide of Moraxella catarrhalis 26404 form the epitope recognized by the bactericidal antiserum from conjugate vaccination[J]. Infect Immun, 2008, 76 (9) : 4251-8.

[18] 赵茹茜, 李四桂. 禽类生长轴的发育及其对生长的调节 [J]. 畜牧与兽医, 1999 (4) : 35-37.

[19] 张绮琼, 林树茂, 刘为民, 等. 南海麻黄鸡血清T_3,T_4水平差异及其与屠体性状的相关分析 [J]. 河南农业科学, 2008 (3) : 106-109.

[20] 李素珍, 周广宏, 邵彩梅, 等. 添喂 β—受体激动剂对肉鸭血清T_3、T_4水平的影响 [J]. 广西畜牧兽医, 1992 (1) : 13-14.

[21] 陈国宏, 刘莉, 张学余, 等. 泰和乌骨鸡的核型与带型研究 [J]. 遗传, 2003 (4) : 401-408.

[22] 陈国宏, 李碧春, 徐琪, 等. 仙居鸡染色体G带和Ag-NORs的研究 [J]. 畜牧兽医学报, 2004 (2) : 141-145.

[23] 傅金恋, 家鸡染色体核型及G、C带研究 [D]. 咸阳: 西北农林科技大学, 1989.

[24] A.T., S. A simple technique for demonstrating centromeric heterochromatin [J]. Academic Press, 1972. 75 (1).

[25] 王四平, 齐军元, 王建祥. 一种新的染色体R显带的制备方法 [J]. 检验医学与临床, 2017. 14: 437-438.

[26] 李义书, 刘祎, 侯冠彧, 等. 利用微卫星标记分析儋州鸡等5个地方种群遗传多样性 [J]. 热带农业科学, 2020, 40 (10) : 90-95.

[27] 邢文丽, 王亚平, 龙君江, 等. 利用微卫星标记分析5种地方家禽品种

遗传多样性 [J]. 黑龙江畜牧兽医, 2013 (1) : 44-48.

[28] 张学余, 苏一军, 韩威, 等. 利用微卫星标记对地方鸡种群体遗传结构的聚类分析 [J]. 中国兽医学报, 2012, 32 (10) : 1572-1575.

[29] 李慧芳, 韩威, 朱云芬, 等. 基于微卫星标记的 12 个地方鸡种遗传多样性保护等级分析 [J]. 西北农林科技大学学报 (自然科学版), 2010, 38 (8) : 8-14.

[30] 朱庆, 李亮. 不同地方乌骨鸡种群遗传多样性的微卫星 DNA 分析 [J]. 畜牧兽医学报, 2003 (3) : 213-216.

[31] 郑嫩珠, 董晓宁, 郑丽祯, 等. 福建地方鸡种和江西泰和乌鸡微卫星遗传多样性分析 [J]. 福建农林大学学报 (自然科学版), 2008 (6) : 641-645.

[32] 陈睿赜, 一种利用线粒体 DNA 鉴别羊肉、猪肉、鸡肉、鸭肉的 PCR 检测方法 [P]. 河北农业大学, 2013.

[33] 李辉, 张珂, 张慧, 一种预示和鉴定鸡腹部脂肪量的分子标记方法及应用 [P]. 黑龙江.

[34] 李东华, 王鑫磊, 李转见, 等. 家鸡全基因组测序研究进展 [J]. 生物技术通报, 2017. 33 (7) : 35-39.

[35] 高华方, 李泽, 王栋, 等, 基因分型芯片及其制备方法与应用 [P]. 北京.

[36] 李维, 牟腾慧, 饶永超, 等. 贵州黄鸡体尺、屠宰性能、肉品质测定及相关分析 [J]. 江苏农业科学, 2021, 49 (8) : 163-166.

[37] 杨富民, 王晓玲. 杂种羊肉品质测定 [J]. 甘肃科技, 2004 (6) : 161-163.

[38] 张莘, 小型优质肉鸭和樱桃谷鸭屠宰性能与肉品质的比较研究 [D]. 扬州 : 扬州大学, 2020.

[39] 陈桂银, 曹福亮, 汪贵斌, 等. 银杏叶生物饲料添加剂对黄羽肉仔鸡屠宰性能及肉品质的影响 [J]. 江苏林业科技, 2006 (2) : 18-20.

[40] 席鹏彬, 蒋宗勇, 林映才, 等. 鸡肉肉质评定方法研究进展 [J]. 动物营养学报, 2006 (S1) : 347-352.

[41] 耿照玉, 姜润深, 张云芳, 等. 淮南麻黄鸡屠宰性能与肌肉部分品质的研究 [J]. 安徽农业大学学报, 2003 (2) : 144-146.

[42] 林树茂, 刘为民, 景栋林, 等. 鹅的肌肉品质及其组织学分析 [J]. 安徽农业科学, 2006 (15) : 3703-3704.

[43] 刘丽, 陈晓波, 余红心, 等. 品种与日粮营养水平对鸡内脏器官质量及指数的影响 [J]. 饲料研究, 2010 (11) : 49-51.

[44] 刘本帅, 三个鸭种生长性能、肉品质比较与日龄鉴定 [D]. 扬州: 扬州大学, 2020.

[45] 孙玉民, 罗明. 畜禽肉品学 [M]. 济南: 山东科学技术出版社, 1993.

[46] 介邓飞, 魏萱, 基于拉曼光谱生鲜鸡肉中鲜味物质肌苷酸的快速检测方法 [P]. 湖北.

[47] 李苗云, 张建威, 樊静, 等. 生鲜鸡肉货架期预测模型的建立与评价 [J]. 食品科学, 2012, 33 (23) : 60-63.

[48] 邹文斌, 杨建生, 于海亮, 等. 不同饲养方式对京海黄鸡屠宰性能、血清抗氧化和抗应激指标的影响 [J]. 黑龙江畜牧兽医, 2020 (1) : 53-57.

[49] 胡雅迪, 日粮精氨酸的添加对肉鸡先天性免疫和抗氧化能力调节作用的研究 [D]. 扬州: 扬州大学, 2015.

[50] 陈君, 梁琼麟, 罗国安, 等. 气相色谱与串联质谱联用检测血清中脱氢表雄酮 [J]. 分析化学, 2008 (2) : 172-176.

[51] 罗庆斌, 甘建优, 张细权, 等, 一种与鸡耐热性相关的分子标记及其鉴定方法和应用 [P]. 广东.

[52] 连锐锐, 李桂明, 孙传熙, 等. HSP在热应激条件下调控鸡心肌细胞损伤的功能分析 [J]. 动物医学进展, 2021, 42 (2) : 33-40.

[53] 李丽华, 邢雅周, 于尧, 等. 基于超高频RFID的种鸡个体精准饲喂系统 [J]. 河北农业大学学报, 2019, 42 (6) : 109-114.

[54] 张书松, 康相涛, 邓立新, 等. 固始鸡部分性状及器官活体B超测定方法的研究 [J]. 河南农业大学学报, 2003 (2) : 174-177.

[55] 刘龙, 顾旺, 龚道清, 等, 一种采用超声波技术测定家禽腹部脂肪含量的方法 [P]. 江苏, 2018.

[56] 近藤和也, 内田真司, 皮下脂肪厚度测定方法及其测定装置、程序以及记录介质 [P]. 日本.

[57] 王树恩. 测量生物体活体脏器超声声速的探测器械 [J]. 声学技术,

1985 (1) : 24-25+18.

[58] 李景文，龙村，张保洲，等. 反射式血氧饱和度监测仪的设计与应用 [J]. 生物医学工程与临床, 2003 (1) : 3-6.

[59] 鲁伟，吴允，郭其新，等. 雪山黄鸡屠宰性能与肉品质测定及相关分析 [J]. 中国家禽, 2016, 38 (22) : 53-55.

[60] Sarah Muirrhead, 孙. 许多因素可影响肉用仔鸡的皮炎发生率 [J]. 国外畜牧学 (猪与禽) , 1991 (5) : 46-47.

[61] 涂冬成，禽肉肉色、弹性和嫩度的图像和激光诱导荧光无损检测技术研究 [D]. 南昌 : 江西农业大学, 2011.

[62] 鲁伟，冰鲜黄鸡肉品质评定与鲜度分级研究 [D]. 扬州 : 扬州大学, 2017.

[63] 常国斌，陈国宏，周伟，等., 一种判定狼山鸡中 B2 血型的方法 [P]. 江苏.

[64] Organization, A., Molecular genetic characterization of animal genetic resources[M]. 2012: Molecular genetic characterization of animal genetic resources.

附　　录

鸡肉品质常见评价指标参考值

（1）鸡的常规营养成分

表1-1　胸肌

指标	公	母	平均
水分（%）	72.14～74.90	71.58～73.22	71.81～73.55
粗蛋白（%）	20.08～26.36	23.11～27.87	21.53～26.90
粗脂肪（%）	1.87～2.03	0.78～1.11	0.52～3.19
粗灰分（%）	1.07～1.30	1.33～1.42	1.13～1.56
干物质（%）	25.8～27.2.	25.1～27.7	25.35～27.78

表1-2　腿肌

指标	公	母	平均
水分（%）	74.2～75.25	74.33～75.37	72.93～77.35
粗蛋白（%）	17.05～23.24	19.68～25.25	18.07～24.72
粗脂肪（%）	2.14～4.32	3.55～3.88	1.76～5.87
粗灰分（%）	1.19～1.29	1.09～1.43	1.15～1.90
干物质（%）	24.76～25.1	24.63～25.7	23.92～25.4

（2）鸡肉品质的物理指标

表2-1　胸肌

指标	公	母	平均
失水率（%）	16.62 ~ 27.34	22.31 ~ 29.38	16.08 ~ 33.08
系水力（%）	60.23 ~ 79.55	63.25 ~ 79.32	39.8 ~ 78.04
蒸煮损失（%）	19.17 ~ 24.51	18.08 ~ 25.01	19.8 ~ 20.83
破碎指数（%）	57.17 ~ 79.13	62.85 ~ 77.36	59.59 ~ 78.19
嫩度（N/cm）	1.37 ~ 2.52	1.33 ~ 2.38	1.27 ~ 3.15
大理石纹（分）	1.07 ~ 2.03	1.12 ~ 2.58	1.64 ~ 2.41
肌纤维密度（根/mm²）	370.8 ~ 397.43	379.7 ~ 438.7	375.25 ~ 418.07
肌纤维直径（μm）	34.91 ~ 38.6	35 ~ 40.5	28.59 ~ 39.55
肌节长度（μm）	1.59 ~ 2.01	1.54 ~ 2.08	1.54 ~ 2.08
肌纤维间距（μm）	9.1 ~ 10.6	8.8 ~ 10.9	9.7 ~ 10.5
皮脂厚（cm）	0.42 ~ 0.64	0.44 ~ 0.57	0.465 ~ 0.585
肌间脂肪（%）	0.19 ~ 0.32	0.20 ~ 0.36	0.22 ~ 0.35
肌内脂肪（%）	2.15 ~ 3.78	2.56 ~ 4.88	2.30 ~ 4.76

表2-2　腿肌

指标	公	母	平均
失水率（%）	17.64 ~ 26.4	18.56 ~ 28.9	17.65 ~ 27.5
系水力（%）	60.39 ~ 73.06	58.83 ~ 69.37	59.22 ~ 72.87
蒸煮损失（%）	17.1 ~ 24.51	17.01 ~ 23.08	17.05 ~ 20.1
破碎指数（%）	60.14 ~ 75.21	61.04 ~ 80.14	70.32 ~ 77.54
嫩度（N/cm）	2.52 ~ 5.35	2.38 ~ 4.89	2.45 ~ 5.23
大理石纹（分）	2.46 ~ 2.63	1.33 ~ 2.48	1.98 ~ 2.57
肌纤维密度（根/mm²）	202.98 ~ 492.08	227.18 ~ 503.25	211.85 ~ 495.31
肌纤维直径（μm）	29.59 ~ 58.09	27.83 ~ 52.55	28.42 ~ 56.01
肌节长度（μm）	1.9 ~ 2.25	1.68 ~ 2.23	1.62 ~ 2.23
肌纤维间距（μm）	8.1 ~ 10.5	9.0 ~ 10.6	8.4 ~ 10.5
皮脂厚（cm）	0.45 ~ 0.62	0.46 ~ 0.64	0.483 ~ 0.615
肌间脂肪（%）	0.19 ~ 0.34	0.21 ~ 0.36	0.21 ~ 0.35
肌内脂肪（%）	5.12 ~ 17.54	4.02 ~ 21.34	4.063 ~ 19.788

（3）鸡肉品质的化学指标

表3-1　胸肌

指标	公	母	平均
黄度b	3.45 ~ 9.83	4.15 ~ 10.1	3.97 ~ 9.92
亮度L	39.47 ~ 55.81	40.38 ~ 57.14	40.22 ~ 57.14
红度a	0.63 ~ 2.30	0.57 ~ 2.51	0.59 ~ 2.43
肉色（OD）	0.372 ~ 0.606	0.395 ~ 0.633	0.377 ~ 0.624
总色素（%）	0.11 ~ 0.17	0.12 ~ 0.21	0.12 ~ 0.18
pH_1	5.82 ~ 6.86	6.25 ~ 6.86	5.53 ~ 6.84
pHu	5.80 ~ 5.96	5.80 ~ 5.95	5.80 ~ 5.91
饱和脂肪酸相对含量（%）	32.12 ~ 45.32	34.39 ~ 46.95	33.34 ~ 45.09
不饱和脂肪酸相对含量（%）	50.65 ~ 60.23	54.48 ~ 63.92	50.89 ~ 62.48
必需脂肪酸相对含量（%）	23.69 ~ 33.78	24.546 ~ 35.69	25.97 ~ 34.09
肌苷酸（mg/g）	1.733 ~ 2.315	1.96 ~ 2.77	1.668 ~ 2.86
硫胺素（μg/100g）	24.3 ~ 35.34	23.5 ~ 39.32	25.35 ~ 36.99

表3-2　腿肌

指标	公	母	平均
黄度b	3.90 ~ 6.83	4.95 ~ 13.1	3.9 ~ 9.83
亮度L	39.79 ~ 48.04	41.20 ~ 51.18	40.22 ~ 50.3
红度a	0.73 ~ 2.12	0.67 ~ 2.51	0.66 ~ 2.23
肉色（OD）	0.301 ~ 0.620	0.329 ~ 0.635	0.308 ~ 0.629
总色素（%）	0.09 ~ 0.17	0.11 ~ 0.25	0.10 ~ 0.19
pH_1	6.49 ~ 6.84	6.38 ~ 6.92	6.4 ~ 6.87
pHu	5.88 ~ 6.3	5.67 ~ 6.21	5.80 ~ 6.26

（续）

指标	公	母	平均
饱和脂肪酸相对含量（%）	35.24 ~ 43.67	34.395 ~ 44.959	35.08 ~ 43.78
不饱和脂肪酸相对含量（%）	50.64 ~ 60.62	54.428 ~ 63.992	50.62 ~ 64.36
必需脂肪酸相对含量（%）	22.36 ~ 32.79	23.841 ~ 33.002	25.12 ~ 34.69
肌苷酸（mg/g）	1.733 ~ 2.315	1.963 ~ 2.776	0.968 ~ 2.86
硫胺素（μg/100g）	17.67 ~ 34.25	19.55 ~ 39.32	18.99 ~ 35.98